中国典型热带果树栽培

CULTIVATION OF TYPICAL TROPICAL FRUIT TREES IN CHINA

周兆禧　林兴娥　主编

中国农业出版社
北　京

图书在版编目（CIP）数据

中国典型热带果树栽培/周兆禧，林兴娥主编．—北京：中国农业出版社，2024.1
ISBN 978-7-109-31709-3

Ⅰ.①中…　Ⅱ.①周…②林…　Ⅲ.①热带果树－果树园艺　Ⅳ.①S667

中国国家版本馆CIP数据核字（2024）第035340号

中国典型热带果树栽培
ZHONGGUO DIANXING REDAI GUOSHU ZAIPEI

中国农业出版社出版
地址：北京市朝阳区麦子店街18号楼
邮编：100125
责任编辑：石飞华
版式设计：王　晨　　责任校对：吴丽婷　　责任印制：王　宏
印刷：北京中科印刷有限公司
版次：2024年1月第1版
印次：2024年1月北京第1次印刷
发行：新华书店北京发行所
开本：787 mm × 1092 mm　1/16
印张：14.25
字数：343千字
定价：198.00元

本书的编著和出版，得到以下项目资助：

2020年海南省重点研发项目“海南榴莲栽培品种(系)适应性筛选及高效栽培技术研发与示范”(ZDYF2020071);

2021年海南省五指山市重点研发项目“海南五指山山竹子提质增效关键技术研发与示范”(WZSKJXM2021002);

2021年海南省保亭县重点研发项目“海南红毛丹主栽品种优质高效栽培技术研究”(BTZDYF2021002);

2023年海南省重点研发项目“五指山热带雨林花果走廊关键技术研究与示范”(ZDYF2023 XDNY178);

2024年海南省重点研发项目“‘中热1号’区域适应性及保花保果栽培技术研究”(ZDYF2024 XDNY174)。

主编简介

周兆禧，中国热带农业科学院热带作物品种资源研究所果树栽培课题组组长，副研究员。海南大学硕士研究生导师，海南省高层次人才。科学技术部表彰的优秀科技特派员，海南省高素质农民培训优秀教师，海南省委组织部和省科技厅表彰的优秀科技副乡镇长，海南省财政厅农业担保项目评审专家，贵州省贞丰县扶贫攻坚特聘专家等。

主要从事热带果树栽培生理研究和产业开发工作。主持省部级等农业科研项目15项；发表论文30余篇，其中SCI论文5篇；获授权专利8项，其中国家发明专利5项；主编科技专著4部，参编2部；主持起草海南省地方标准4个。

林兴娥，中国热带农业科学院热带作物品种资源研究所助理研究员，海南省优秀“三区”科技人才。主要从事热带优稀果树种质资源收集、评价和创新利用研究工作。

编著者名单

主　编　周兆禧　林兴娥

副主编　吴　刚　刘咲頔　何书强　谢昌平　周　祥　卓　斌

编著者（以姓氏笔画为序）

丁哲利　叶才华　吕小舟　朱振忠　刘咲頔
苏兰茜　李明东　肖正兴　吴　刚　何　伟
何书强　何红照　宋海漫　陈妹姑　林兴娥
林运兴　卓　斌　明建鸿　周　祥　周兆禧
党志国　高宏茂　黄　冠　黄晨靖　曹秀娟
崔志富　葛路军　谢子四　谢军海　谢昌平
蔡俊程　谭乐和　谭海雄

前　言　PREFACE

中国典型热带果树主要包括榴莲（*Durio zibethinus*）、红毛丹（*Nephelium lappaceum*）、山竹（*Garcinia mangostana*）和面包果（*Artocarpus altilis*）等。

榴莲为锦葵科榴莲属多年生常绿乔木，原产于马来西亚，现广泛种植于泰国、菲律宾、越南等地区，享有“热带果王”美誉。其果肉显著特点是含有大量的糖分，热量高，其中，蛋白质含量2.7%、脂肪含量4.1%、碳水化合物9.7%、水分82.5%；维生素含量丰富，维生素A、B族维生素和维生素C都较高；含有人体必需的矿质元素，其中钾和钙的含量特别高；所含氨基酸的种类齐全，除色氨酸外，还含有7种人体必需氨基酸，其中谷氨酸含量特别高。泰国是最大的榴莲种植国，年产量达90万～95万t，也是世界上最大的榴莲供应国。中国是最大的榴莲进口国，进口量由2019年的60.47万t增长至2023年的142.59万t，进口额由2019年的109.48亿元增长至2023年的471.95亿元。目前中国榴莲本土化种植开发尚处于起步阶段，主要分布在海南南部市县，种植面积约2 000 hm^2，个别基地已陆续开花结果。

红毛丹为无患子科韶子属多年生常绿乔木，原产于马来群岛，是著名的热带特色珍稀水果。其果实肉厚、汁多清甜、风味独特、营养价值较高，可生食或加工成食品、饮料等，而且果实、树木可分别用作药物开发、建筑材料等，具有极高的经济价值。中国于20世纪60年代引进红毛丹并在海南省各市县和云南西双版纳试验种植，至1986年仅在海南保亭规模化种植示范取得成功，于1997年开始规模化推广种植。经过20余年的努力，红毛丹产业已经成为海南最具特色的优势产业之一。

山竹又名莽吉柿、山竺、倒捻子，为藤黄科藤黄属热带多年生常绿果树，原产于马来群岛，素有“热带果后”之称。其口感嫩滑清甜，果实可食率29%～45%，可溶性固形物含量16.8%、柠檬酸含量0.63%、维生素C含量120 mg/kg，此外还富含蛋白质、脂肪、多种维生素及矿质元素。山竹除供鲜食外，其果壳含有大量天然红色素资源，具有稳定性和抑菌活性，可作为碳酸饮料等的着色剂；果皮提取物在农业杀虫抗菌方面能起一定作用，果皮还是用于强化畜禽饲料效果的一类植物饲料添加剂；果肉具有维持心血管系统和胃肠健康以及控制自由基氧化等功效。山竹于1919年传入中国台湾，20世纪30年代后陆续引种至海南和广东等地。目前中国山竹栽培面积最大的是海南保亭和五指山，总面积约133 hm^2，是极具地方特色的果树之一。

面包果又名面包树，为桑科波罗蜜属特色热带粮食作物，可作为热带高效水果产业开发，粮果兼优。其果实烘烤后，口感、质地与面包类似，“面包果”名称由此而来。面包果原产于波利尼西亚和西印度群岛，是当地的特色粮果作物，现广泛种植于萨摩亚、斐济、瓦努阿图、塞舌尔、马尔代夫、毛里求斯、美国夏威夷、牙买加、印度尼西亚、越南、尼日利亚、塞拉利昂和科摩罗等地。当前在原产地或引种地，面包果规模化商业栽培相对较少，但结果量可达6 t/hm^2，与其他常见的主要作物相比毫不逊色，并已被认为是最有潜力解决世界热带地区粮食短缺问题的作物之一。

榴莲、红毛丹、山竹和面包果适宜在坡地、丘陵地和平地种植，种植方式灵活多样，可以商业化规模化栽培、房前屋后庭院式栽培或道路两侧行道式栽培。由于产地在国内，果实可以充分成熟后采收，风味比进口长途运输的更优异，因此深受消费者青睐，成为名副其实的高端果品。因此，在适宜区域发展典型热带水果产业，对促进农民增收、助力乡村振兴具有重要意义。

《中国典型热带果树栽培》一书，由中国热带农业科学院热带作物品种资源研究所周兆禧和林兴娥主编。周兆禧负责全书统稿；林兴娥主要负责榴莲及红毛丹的品种特点、生物学特性、生态学习性及相关贸易等内容的编写；吴刚等编写面包果部分；刘咲頔主要负责山竹生物学特性及其相关资料整理；谢昌平等编写榴莲、红毛丹和山竹主要病害及防控技术部分；周祥等编写榴莲、红毛丹和山竹主要虫害及综合防控技术部分。全书系统介绍了中国主要典型热带果树榴莲、红毛丹、山竹和面包果的发展历史、生物学特性、生态学习性、主要品种（系）、种植技术及病虫害防控等基本知识，既有国内外研究成果与生产实践经验的总结，也涵盖了中国热带农业科学院海口实验站、中国热带农业科学院热带作物品种资源研究所、中国热带农业科学院香料饮料研究所、海南大学等单位在该领域的最新研究成果。本书图文并茂，技术性和操作性强，可供广大典型热带果树种植户、农业科技人员和院校师生查阅使用，对中国榴莲、红毛丹、山竹及面包果的商业化发展具有一定的指导作用，对加快中国典型热带果树产业发展和科技创新，促进农业增效和农民增收具有重要现实意义。

本书在编写过程中得到海南省五指山市科技和工业信息化局、海南省保亭县科技和工业信息化局的大力支持，在此谨表诚挚的谢意！感谢中国热带农业科学院谭乐和研究员的无私指导与帮助，感谢陈妹姑研究生的协助。由于水平所限，难免有错漏之处，恳请读者批评指正。

周兆禧

2023年12月

CONTENTS 目 录

绪　论

一、中国热带地区概况

根据《中国气候学》中气候带的两级制划分标准，以热量等温度指标划分气候带，以干燥度划分气候大区。因此，中国热区包括热带和亚热带地区，亚热带又分为北亚热带、中亚热带和南亚热带，热带分为北热带、中热带和南热带（表0-1）。中国热区面积近50万km²，约占全国国土面积的5%，仅占世界热区面积的1%，分布在海南、广东、广西、云南、贵州、四川、湖南、福建等省（自治区），其中热带地区包括雷州半岛南部和海南省（包括西沙群岛和南沙群岛）。

中国热带亚热带地区的自然条件特征是热量丰富、降水丰沛、全年温暖而无严冬，但因中国地形大体是西北部海拔高、东部和东南部低，冬季由北方南下的冷锋常常导致长江以南地区气温骤降，因此这些地区的冬季常有冻害或冷害发生。

表0-1　热带亚热带农业气候区划及小区温度和降水指标

大区及其小区		年均温（℃）	≥10℃积温（℃）	最冷月温度（℃）	极端低温（℃）	年降水量（mm）
北热带		24 ～ 25.5	8 500 ～ 9 200	16 ～ 17.7	5	1 000 ～ 2 000
北热带北缘		21 ～ 25	7 600 ～ 9 100	14 ～ 19	2	1 400 ～ 2 000
南亚热带	台北、台中区	21.5 ～ 22.5	7 900 ～ 9 100	14 ～ 19	2 ～ 6	1 500 ～ 3 000
	粤中南、闽南区	21	6 500 ～ 8 000	10 ～ 14	0 ～ 4	1 000 ～ 2 500
	粤西、贵州东南区	20 ～ 22.5	6 500 ～ 7 700	11 ～ 15	0 ～ 3	1 500 ～ 1 800
	广西中南区	20.5 ～ 21.5	6 500 ～ 7 200	9 ～ 11	−3	1 200 ～ 2 000
	广西西南区	20.8 ～ 22.3	6 500 ～ 7 700	＞10	−3	1 000 ～ 1 300

（续）

大区及其小区		年均温（℃）	≥10℃积温（℃）	最冷月温度（℃）	极端低温（℃）	年降水量（mm）
南亚热带	滇南高原区	＞18	6 000 ～ 7 000	10 ～ 13	−4	2 200 ～ 2 800
	藏南—滇西北区		3 200 ～ 5 500		−4	960 ～ 2 400
中亚热带	江南丘陵区	16.5 ～ 18.7	5 300 ～ 6 000	2 ～ 8	−10	1 300 ～ 1 600
	南岭—武夷山区	17 ～ 20	5 300 ～ 7 000	5 ～ 11	−5 ～ −9	1 500 ～ 1 700
	四川盆地	＞17	5 000 ～ 5 500	5 ～ 10	−5	900 ～ 1 200
	湘西—黔东区	13.3 ～ 16	3 500 ～ 4 750	4 ～ 5	−7	1 100 ～ 1 700
	贵州中部高原区	14 ～ 16	3 500 ～ 5 000	3 ～ 6	−6 ～ −8	＞1 200
	贵州西部—滇东区	12 ～ 18	2 569 ～ 5 780	2 ～ 10	−5 ～ −9	700 ～ 1 400
	云南东、川西区	13 ～ 17	3 500 ～ 8 000	6 ～ 10	0 ～ −6	600 ～ 1 100
北亚热带	长江中下游区	14 ～ 16	5 000 ～ 5 400	1 ～ 4	−11 ～ −21	1 300 ～ 1 600
	汉水上中游区	11 ～ 15	4 500 ～ 5 400	＞0	−5 ～ −8	800 ～ 1 200

注：①资料来源：梁元冈、陈厚彬，1988；亚热带东部丘陵山区农业气候及其合理利用研究课题协作组，1988；热带西部丘陵山区农业气候资源及其合理利用研究课题协作组，1988。②北热带地区主要包括海南的三亚、陵水、乐东和保亭四市县；北热带北缘地区包括台湾南部,雷州半岛，海南中北部,云南的河口、西双版纳和元江河谷,以及西藏东南部；江南丘陵区包括湖南中东部，江西大部，福建西部，浙江西南部；南岭—武夷山区包括湖南、江西、浙江三省的南部，福建大部，广东北部，广西东北部。

二、热带果树的界定与种类

根据植物对环境条件的适应能力不同而分类的方法称为生态适应性分类。果树按照生态适应性分类，可分为寒带果树、温带果树、亚热带果树和热带果树，热带果树又分为一般热带果树和典型热带果树（纯热带果树）。

热带和亚热带果树多数是常绿果树，多以“南方果树”来统称在中国栽培的“热带亚热带果树”。据统计，中国热带亚热带地区原产和引进的果树达到51科125属275种。一般热带果树主要有香蕉、杧果、菠萝、菠萝蜜、番木瓜、番石榴、西番莲、阳桃、莲雾、毛叶枣、黄皮、人心果等。典型热带果树主要有红毛丹、榴莲、山竹、面包果等。

三、典型热带果树分布及特点

海南的三亚、陵水、乐东、保亭等南部市县，以及南沙群岛等地属于典型的热带气候区，这一地区局部区域适合发展部分典型热带果树。而海南中北部的市县，雷州半岛，云南的河口、西双版纳和元江河谷，以及西藏东南部、台湾南部等地区，则称为“北热带边缘地区”，部分区域引种典型热带果树试种成功。

四、中国典型热带果树产业发展历史与现状

中国种植的典型热带果树主要包括榴莲、红毛丹、山竹和面包果等，多是从马来群岛、东南亚等原产地引进。

榴莲最早于1958年从马来西亚引种至海南试种，中途又有中断，直到2014年10月有人从越南引进猫山王、金枕等榴莲种苗在海南省保亭县试种，2018年底开始开花结果，且每年都能开花结果，说明海南部分区域存在榴莲大面积推广种植的可能性。截至2023年海南保亭、三亚、乐东和琼海等地榴莲种植面积已超过2 667 hm^2。为更好地了解榴莲种植业现状和制约产业发展的关键因素，探明榴莲在海南省发展的可行性，2019年5月海南省农业农村厅召开海南榴莲产业发展座谈会，2020年6月海南省领导到保亭调研榴莲引种试种基地时指出，通过试种能够证实榴莲在海南可以种植，关键是要保证种出来的榴莲品质。调研结束后，海南省科学技术厅发布《2020年省重点研发计划科技合作方向项目申报指南的通知》明确把榴莲列为重点资助对象，充分说明政府对培育海南榴莲新兴产业的重视和帮扶。

红毛丹于1915年引入中国台湾，1930年至1960年间先后引入海南和云南西双版纳等地栽培，均能开花结果。1960年后，红毛丹在海南省各市县和云南西双版纳试验种植，直到1986年仅在海南省保亭县规模化种植取得成功，1997年开始大范围推广种植。经过二十多年的努力，通过种植大户示范带动作用，红毛丹产业已经成为海南省保亭县最具特色的优势产业之一。保亭产出的红毛丹果实外观美、多汁、风味清甜，商品果率高。2016年“保亭红毛丹”获得国家工商行政管理总局商标局认定的地理标志证明商标，2017年红毛丹被作为金砖国家峰会指定水果，2018年获得农业部首批农产品地理标志认证，2021年成为海南保亭七大重点产业之一发展，在前期的脱贫攻坚工作中发挥了重要作用，现在乡村振兴中依然是地方明星产业之一。截至2023年，以海南省种植面积最大，达3 000余 hm^2，年产值约5.6亿元人民币，红毛丹产业已经成为海南地方最具特色的优势产业之一。

山竹是热带多年生常绿果树，特色鲜明，素有“热带果后”之称。山竹果实为凉性水果，果肉嫩滑清甜、味道甜美、营养丰富、风味独特，深受人们喜爱。原产于马来群岛，1919年传入中国台湾，后陆续引种至海南和广东等地。1960年首次由专业的科研单位从马来西亚引种进入海南，目前栽培面积不大。现今中国栽培面积最大的是海南保亭和五指山一带，总面积也仅有133 hm^2，出园价40 ～ 60元/kg，效益可观。

面包果属于粮食类的特色果树，20世纪50 ～ 60年代由海南兴隆华侨携带回国，并植于住宅周边。国内无核类型最早的记录是兴隆温泉旅游区迎宾馆的两棵面包果树，株龄60多年，植株直径近1 m，仍然正常结果。引种记录表明，面包果能在兴隆地区正常生长发育，开花结果，种植方式灵活多样，并达到较高的产量，每株一季可结果60 ～ 100个。一般种植3 ～ 5年开始结果，6 ～ 8年的面包果植株进入盛产期，年平均结果80个左右，按1.25 kg/个计，株产量可达100 kg，产量可观，市场紧俏，成为高端餐桌上的宠儿，在海南兴隆地区常卖到16 ～ 20元/kg，经济价值高。面包果现在海南岛推荐种植区域主要为琼南的丘陵台地地区，主要包括东方、昌江、乐东、三亚、保亭、陵水、万宁、三沙等市县。由于其天然的面包风味，近年面包果也受到新闻媒体关注，2017年4月24日中央电视台四套“远方的家”、2017年9月23日中央电视台二套“是真的吗？——面包结在树上”、2017年10月16日《海南周刊》物种栏目“长面包的树”、2019年10月19日三沙卫视“从海出发——美味的诞生”、2021年4月10日中央电视台四套“中国地名大会”等栏目对面包果进行了科普宣传，也让更多的人了解到面包果。

随着海南省建设国际旅游消费中心、自由贸易试验区，积极升级旅游产品，发力特色旅游消费，游客对各种名、优、稀、特果品的需求与日俱增，绿色健康且营养丰富的榴莲、红毛丹、山竹和面包果经济价值高，市场前景看好，具有较大的开发潜力，对海南发展地方特色经济、实施乡村振兴战略具有重要现实意义。

五、中国典型热带果树产业面临问题及对策

（一）中国典型热带果树产业发展面临的机遇

1.市场发展空间大，确保了典型热带果树产业有利可图

据统计，每人年均水果消费的健康标准为70 kg，目前发达国家每人年均水果消费量为105 kg，而我国每人年均水果消费量仍未超过60 kg。近几年的消费调查显示，我国水果价格逐年上涨，消费量仍未下滑；而榴莲更是如此，我国是榴莲消费大国，每年进口上百万吨，进口额数百亿元。红毛丹等典型热带水果都是名副其实的高端果品，单位面积效益较高，确保了发展典型热带果树有利可图。

2.政府政策支持，激发了生产者发展“名、特、优”果树

乡村振兴成为国家发展战略之一。为深入贯彻党中央、国务院决策部署，加快发展乡村产业，依据《国务院关于促进乡村产业振兴的指导意见》，在农业农村部印发的《全国乡村产业发展规划（2020—2025年）》中明确指出，乡村特色产业是乡村振兴的重要组成部分，是地域特征鲜明、乡土气息浓厚的小众类、多样性的乡村产业，发展潜力巨大。而典型热带果树产业地域特征鲜明，种类多样，营养丰富，单位面积收益较高，为热区乡村振兴产业差异化设计提供新途径。

2020年6月1日公布的《海南自由贸易港建设总体方案》提出，建设全球热带农业

中心。海南农业、农村、农民占比仍然较大，在海南建设自由贸易港的背景下，发挥国家南繁科研育种基地优势，建设全球热带农业中心和全球动植物种质资源引进中转基地，给海南“名、特、优”的典型热带果树产业发展带来了前所未有的发展机遇。

3. 典型热带果树产业促进适宜种植区域农民持续增收

典型热带果树具有产业规模小、区域性强、种类丰富、单位面积效益较高等特点。如红毛丹出园价26～40元/kg，山竹出园价40～60元/kg，榴莲出园价300～500元/果，种植收益高，市场开发潜力大。热区多为少数民族聚居地，积极开发热区资源，发展典型热带果树，提高少数民族经济收入，对维护热区民族团结，促进少数民族经济又好又快发展具有重要的现实意义。

（二）中国典型热带果树产业发展存在的问题

1. 政策扶持力度不够，缺乏持续政策保障

为了推动红毛丹等典型热带水果产业发展，作为国内典型热带果树主产区的海南省，虽然已出台各种扶持措施，但依然存在着政策持续性不够，生产经营主体、农村电子商务公共服务体系和标准化示范区建设扶持力度不够，政策性农业保险制度落实不到位，缺乏相关部门的有效介入与主导，政策宣传推广力度不够等问题，导致红毛丹等典型热带果树产业持续快速健康发展缺乏保障。

2. 技术研发体系薄弱，缺乏持续资金资助

中国典型热带果树产业发展起步晚，研究基础和科研力量相对薄弱。以红毛丹为例，仅有少数几个自主培育和引进选育的红毛丹品系进行了规模化栽培，品种结构单一。而政府部门对相关科技部门在开展榴莲、红毛丹、山竹等典型热带果树相关科研工作中的支持力度不足，科研经费不够，导致品种选育、产期调节、平衡施肥、病虫害绿色防控、采后保鲜、生鲜运输等关键技术缺乏系统研发，未能形成典型热带果树产业研发技术体系和科技服务体系。

3. 典型热带果树管理技术落后与盲目扩张并存

在典型热带果树产业发展中，红毛丹、山竹和面包果有一定的基础，无论在科技沉淀还是发展规模和推广力度方面，都有了一定的积累和条件，但是果园的标准化发展仍然滞后，满足不了市场要求。

而榴莲种植才刚起步。由于中国是榴莲消费和进口大国，近年来国内对于榴莲的需求量正逐年上升。巨大的市场需求吸引了中国果农的注意力，2014年10月有人从国外引进猫山王、金枕等榴莲品种种苗在海南省保亭县试种，这批苗2018年底开始开花结果，至此掀起了一股榴莲种植潮，很多企业、农户从国外盲目引进种苗，盲目扩种，截至2024年海南保亭、三亚、乐东和琼海等地榴莲种植面积超过2 667 hm^2，由于品种选育及

栽培管理技术的滞后，给榴莲产业的科学健康发展埋下隐患。

4. 品牌运营意识薄弱，销售渠道相对单一

典型热带果树产业的持续健康发展，离不开全产业链的协同发展，离不开品牌的培育。以红毛丹为例，2016年“保亭红毛丹”获得国家地理标志证明商标，2017年作为金砖国家峰会指定水果，2018年获得农业部首批农产品地理标志认证。然而我国典型热带果树产业在商品性的品牌建设过程中，还存在着品牌创建意识缺乏、基础设施建设薄弱、先进技术推广慢、产品质量不稳定、产品市场化信息化水平低、品牌管理不规范等诸多问题，加之销售渠道单一，仍以初级的采摘、批发为主，电商发展刚起步，电商发展的配套储运、保鲜等技术受限，产业发展尚处于起步阶段。

（三）中国典型热带果树产业发展对策

1. 科学引领，优势区域布局

要在农业气候分析和品种区域适应性研究的基础上，确定典型热带果树发展的最适区域和发展规模，充分利用热区的局部优势生态资源进行开发，利用热量、水分、光照等方面的优势条件，因地制宜进行优势区域布局，适地适种，适度发展。

2. 选育良种，提供产业保障

要加强典型热带果树新品种引进，种质资源收集、保存、评价与创新利用，培育出抗性强、品质优、产量高、适合地方发展的新品种（品系），发展良种良苗，筛选优良砧木，推广嫁接苗，缩短果树童期，为典型热带果树产业健康发展提供品种良苗保障。

3. 更新观念，优化种植模式

典型热带果树特色明显，营养价值高，市场空间大，但由于受气候条件的影响，种植规模不大。鉴于其单价较高，如果在适宜种植的地区发展，总体效益较高，市场供不应求。因此，在产业发展中要更新观念，优化种植模式，精细化发展，一是要实施矮化抗风栽培和间作模式，二是要重点选育抗寒、抗风优良品种，三是要适度采用设施栽培。由于典型热带果树在海南种植时，冬季易受寒害，可适度采用设施栽培。

4. 科研投入，加强社会服务

政府要加强科研投入，支持典型热带果树科研工作，尤其要持续支持预算内科研投入，主要资助典型热带果树种质资源收集、保存评价与创新利用，新品种引进，水肥高效利用技术研发，抗逆性栽培技术研发，产期调节技术研发，病虫害绿色防控技术研发，采后生物学技术研发，科技推广服务，标准化示范基地建设等。

第一章 榴莲

第一节　发展现状

一、起源与分布

榴莲，学名*Durio zibethinus*，为锦葵科榴莲属常绿乔木，是典型热带果树（图1-1）。其果实营养丰富，被誉为“热带果王”。18世纪，德国植物学家G. E. Rumphius在其著作*Herbarium Amboinense*中首次使用了“durioen”，随后其英文形式名称durian被沿用至今。

图1-1　榴　莲

榴莲属有9个可食用的种，分别为*D. lowianus*、*D. graveolens*、*D. kutejensis*、*D. oxleyanus*、*D. testudinarum*、*D. grandifloras*、*D. dulcis*、*D.* sp.和*D. zibethinus*（Idris等，2011），然而只有*D. zibethinus*被广泛种植（Brown等，1997）。在马来西亚，一些榴莲品种被推荐用于商业种植，如D24、D99、D145。在泰国，榴莲品种根据地名进行注册，如Monthong、Kradum和Puang Manee。马来西亚和泰国的榴莲品种存在同物异名现象，如

D123和Chanee、D158和Kan Yao、D169和Monthong（Husin, 2018）。与泰国相似，印度尼西亚的榴莲品种也是按照地名进行注册的，如Pelangi Atururi、Salisun、Nangan、Matahari和Sitokong等（Idris等，2011; Tirtawinata等, 2016）。

榴莲被认为起源于赤道热带温暖湿润的地区，加里曼丹岛是其主要的起源中心，现广泛种植于泰国、马来西亚、印度尼西亚、柬埔寨等东南亚国家，在中国海南也有少量种植。

二、榴莲国际贸易

在全球贸易链中，榴莲的需求增长令人瞩目。目前全球榴莲贸易主要由泰国和中国两个国家主导，二者分别是榴莲的主要出口国和主要进口国。据联合国商品贸易统计数据库统计，2020年中国鲜榴莲进口量为57.59万t，进口额为161.59亿元人民币；2021年中国鲜榴莲进口量为82.16万t，进口额为272.19亿元人民币；2022年中国鲜榴莲进口量为82.49万t，进口额为270.15亿元人民币；2023年中国鲜榴莲进口量为142.59万t，进口额达471.95亿元人民币（图1-2）。泰国是世界上最大的榴莲出口国，其出口至中国的榴莲在中国榴莲进口量及进口额中的比重均超过60%；其次是越南，中国从越南进口的榴莲数量和金额均超过30%；然后是马来西亚、印度尼西亚等国（表1-1）。全球对榴莲的需求除鲜果外，还包含榴莲相关产品等。

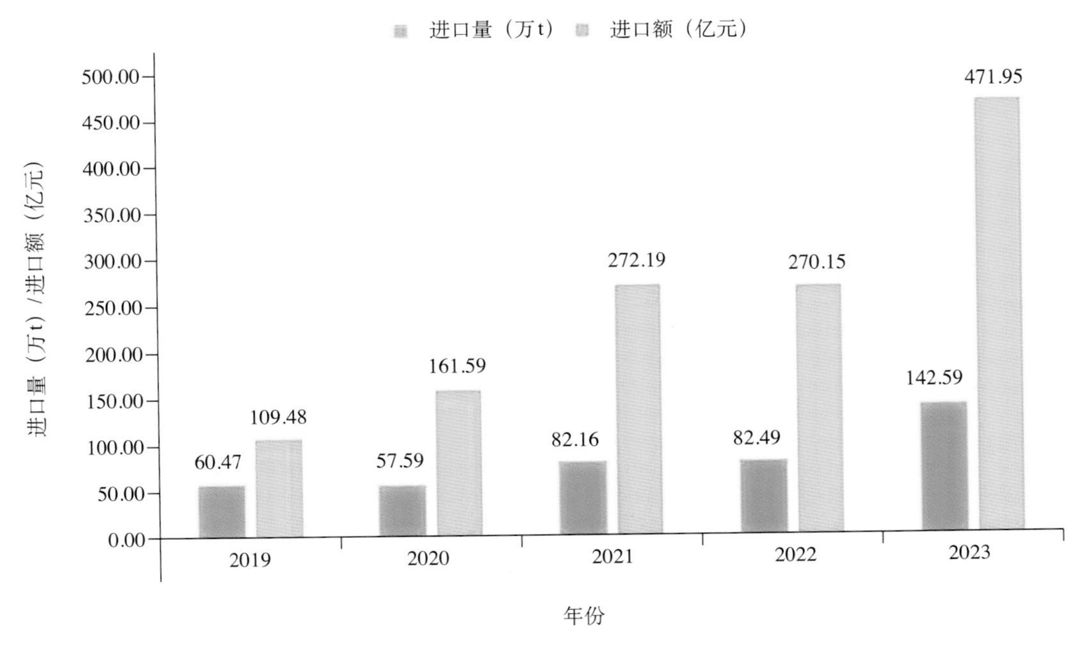

图1-2　2019—2023年中国榴莲进口变化趋势

表1-1　2021—2022年榴莲出口量前十位的国家

（数据来源：联合国商品贸易统计数据库）

2021年				2022年			
序号	国家	出口量(t)	出口额(亿元)	序号	国家	出口量(t)	出口额(亿元)
1	泰国	875 082.98	217.22	1	泰国	827 293.83	209.44
2	越南	31 393.53	6.58	2	越南	38 676.84	19.13
3	马来西亚	24 684.1	1.87	3	马来西亚	24 558.9	2.29
4	老挝	8 938.25	0.57	4	印度尼西亚	226.68	0.01
5	荷兰	246.68	0.11	5	美国	90.16	0.02
6	法国	215.69	0.02	6	多米尼加	33.3	0.002
7	菲律宾	164.31	0.03	7	菲律宾	32.58	0.01
8	印度尼西亚	50.06	0.01	8	荷兰	29.49	0.04
9	美国	33.44	0.006	9	意大利	17.47	0.009
10	斯里兰卡	22.66	0.005	10	新加坡	16.38	0.01

中国是全球最大的榴莲进口国，中国市场上的榴莲供应几乎全部依赖进口。2019年至2023年，中国榴莲净进口量增长了82.12万t、增幅约为135.80%，年均增长率约为33.95%。这是由于中国城乡居民生活水平显著提高和消费观念的变化，榴莲已从昔日的奢侈品转为日常生活的消费品，加之电子商务的快速发展和榴莲保鲜、存储等技术日趋完善，使人们购买榴莲更加便利。另外，中国对榴莲进口贸易政策的放宽，促使中国榴莲进口量和进口额大幅增长。2020年榴莲进口量较2019年减少了2.88万t，但进口额却增加了52.11亿元，这是由于榴莲单价大幅上涨所致。

中国最早的榴莲引种记录是1958年海南农垦保亭热带作物研究所从马来西亚引进的实生苗，至今已有60余年。因品种及栽培管理等因素影响，这批实生苗很少结果。20世纪70～80年代广东、海南均有引种榴莲试种，但少有开花结果的报道。2005—2014年海南部分果农分别从马来西亚、越南等东南亚国家引进猫山王、金枕等少量榴莲种苗在海南省保亭县试种，至今已连续多年开花结果，单株年结果最高纪录可达到50个以上，表明海南部分地区存在榴莲大面积推广种植的可能性。截至2023年年底，海南保亭、三亚、乐东和琼海等地榴莲种植面积已超过2 667 hm^2（图1-3）。

图1-3 海南保亭榴莲挂果

第二节 功能营养

一、营养价值

榴莲营养价值高，味道独特，被誉为“热带果王”。其果肉中含有蛋白质、膳食纤维、糖类、脂肪，以及维生素A、维生素C、维生素B_6、核黄素、硫胺素、烟酸、铁、锌、钾、磷、钙、镁等多种维生素和矿物质（表1-2）。榴莲热量极高，食用1份榴莲果肉（约155 g）可提供546 ~ 1 062 kJ的能量（Belgis等，2016）。除此之外，榴莲果肉还含有多种人体必需氨基酸及黄酮类、多酚类、花青素类成分。其中，谷氨酸含量较高，该氨基酸能提高机体应激能力。榴莲果肉挥发性成分以含硫化合物（50.79%）为主（高婷婷，2014），果皮挥发性成分以酯类化合物为主（张博，2012），这些含硫化合物具有特殊的气味，构成了榴莲的独特气味。

表1-2　每100 g榴莲果肉的营养成分

成分	含量
水分	64.99 g
能量	617 kJ
蛋白质	1.47 g
脂肪	5.33 g
灰分	1.12 g
糖类	27.09 g
总膳食纤维	3.80 g
钙	6 mg
铁	0.43 mg
镁	30 mg
磷	39 mg
钾	436 mg
钠	2 mg
锌	0.28 mg
铜	0.207 mg
锰	0.325 mg
维生素C	19.7 mg
硫胺素	0.374 mg
核黄素	0.2 mg
烟酸	1.074 mg
泛酸	0.230 mg
维生素B_6	0.316 mg
叶酸	36 μg
维生素A，RAE	2 μg
β-类胡萝卜素	23 μg
α-类胡萝卜素	6 μg
维生素A，IU	44 μg

榴莲作为药食兼用的水果，除鲜食外，还可加工成榴莲糖、榴莲酥、榴莲干片、榴莲酱、榴莲粉、榴莲蛋糕、榴莲糕、榴莲冰激凌、榴莲罐头、榴莲月饼等一系列产品，果肉还可用于酿造果酒。

榴莲种子含有大量以杂多糖蛋白质复合物为主要成分的种子胶，其多糖部分主要由半乳糖（50.1%～64.9%）、葡萄糖（29.4%～45.7%）、阿拉伯糖（0.11%～0.89%）、木糖（3.2%～3.9%）等单糖组成，蛋白质部分由亮氨酸（31.78%～43.02%）、赖氨酸（6.23%～7.78%）、天冬氨酸（6.45%～8.58%）、甘氨酸（6.17%～7.27%）、谷氨酸（5.43%～6.55%）、丙氨酸（4.60%～6.23%）、缬氨酸（4.49%～5.52%）等氨基酸组成（Amin 等, 2007; Mirhosseini 等, 2013）。榴莲种子中主要含有低聚原花青素（OPCs）抗氧化剂，具抗氧化活性的榴莲种子提取物可以抑制单纯疱疹病毒2型（HSV-2 G）的感染（Nikomtat 等, 2017）。此外，榴莲种子含有一些复杂的次生代谢物，可用于制备表儿茶素衍生物，其抗氧化活性比表儿茶素本身更强。因此，榴莲种子可用于制备高附加值食品，而不是作为废弃物丢弃。

榴莲果皮含有蛋白质、脂肪、矿物质等丰富的营养物质，其中内皮的营养成分含量普遍高于外皮（张艳玲等，2015）。从榴莲果皮中提取的多糖凝胶具有降低人体胆固醇、提高免疫力等功效。

二、药用价值

近年来，榴莲因其保健价值和营养价值很高而备受关注。榴莲果实含有大量的酚类、类胡萝卜素和黄酮类等具有抗氧化功能的成分（表1-3），具有抗氧化（表1-4）、抗肿瘤和抗菌等多种活性，在促进人体健康方面发挥着重要作用(Arancibia-Avila 等, 2008；Isabelle 等, 2010；Dembitsky 等, 2011)。现代医学实验表明，榴莲的汁液和果皮中含有的一种蛋白水解酶，可促进药物对病灶的渗透，具有消炎、抗水肿、改善血液循环的作用；榴莲果实及其提取物具抗氧化、抗动脉粥样硬化等功效，对痛经等也有一定疗效。

表1-3 榴莲鲜果的生物活性成分

成分	单位	含量
类黄酮	mg /g	1.523 ± 0.17
黄酮醇	μg /g	67.05 ± 3.1
花青素	mg /g	17.12 ± 1.1
多酚	mg /g	2.58 ± 0.1
单宁	mg /g	1.37 ± 0.1

表1-4　榴莲果实生物活性成分抗氧化值

成分	单位	a/o值
氧自由基吸收能力（ORAC）	μmol（每100 g）	1 838
总类胡萝卜素	mg（每100 g）	306
维生素E同系物	mg（每100 g）	4 800

第三节　生物学特性

一、形态特征

1. 根

榴莲根系分为主根、侧根和须根，根系分布因种苗类型而异。压条、嫁接和实生苗繁殖的种苗根系有显著差异。压条苗根系分布均匀，分布较浅，主根不明显；由种子或嫁接繁殖的苗主根发达，从树干向下生长。一般情况下，72%～87%的榴莲根系分布在土壤表层以下45 cm处，85%的根包含在树的冠层半径内。

2. 主干

榴莲为常绿乔木，主干明显（图1-4）。植株较高，可达37 m，实生苗植株甚至可长到40～50 m高，树干直径达120 cm。树冠不规则，枝条粗糙，密集或平展。榴莲主干、主枝较脆，易折断，因而植株抗风性差。

图1-4　榴莲植株主干明显

3.叶片

榴莲叶片互生，单披针形，短渐尖或急渐尖，长10 ~ 20 cm，宽3 ~ 7.5 cm，叶柄圆形，长约2.5 cm，上面光滑且明显无毛，亮橄榄色或暗绿色，背面有贴生鳞片，呈有光泽的青铜色。

4.花

榴莲的花量较大，聚伞花序簇生于主干或主枝上，两性花，每朵花都有雄蕊和雌蕊。每个花序有花3 ~ 50朵，花蕾球形，花萼呈冠状，花梗被鳞片，长2 ~ 4 cm（图1-5）。每朵花通常有5束雄蕊和1枚雌蕊，每束雄蕊有花丝4 ~ 18条，花丝基部合生。花瓣5片，白色、淡黄色或奶油色，长3.5 ~ 5 cm，为萼长的2倍。雌蕊由柱头、花柱和卵圆形子房组成（图1-6）。

图1-5 榴莲主枝花蕾量大

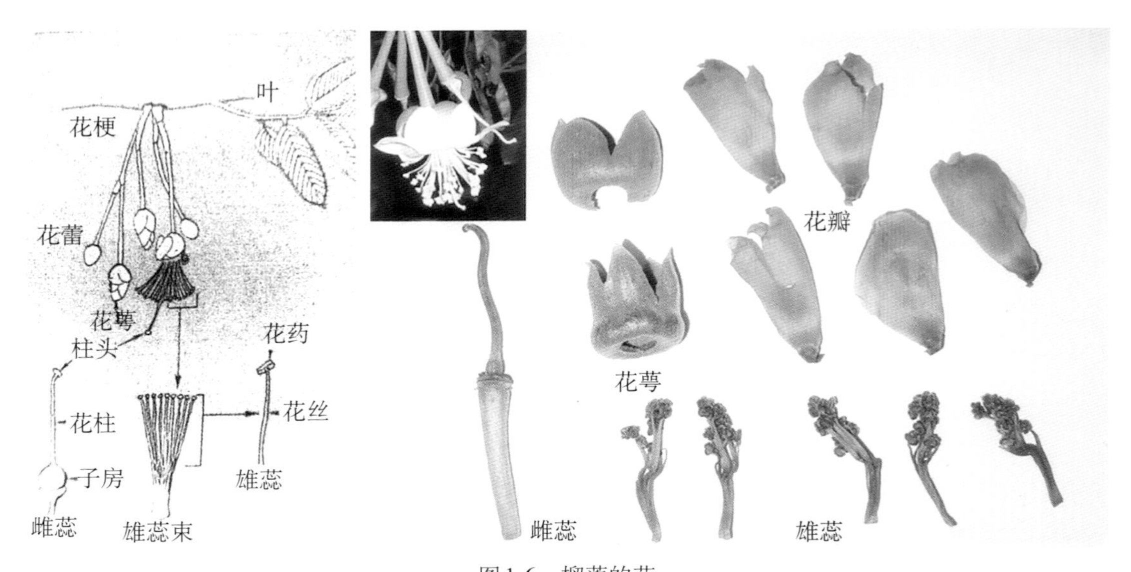

图1-6　榴莲的花

[引自 Durian Floral Differentiation and Flowering Habit, J. AMER. SOC. HORT. SCI, 2004, 129(1): 42–45]

5. 果实

榴莲果实特点是体积大，气味浓烈，果皮坚硬带刺。果实着生在枝条下面的粗壮花梗上，花梗在果实的正上方有一个离区。果实下垂，圆形到长圆形，一般长15 ~ 25cm，粗13 ~ 16cm。单果重可超过3kg。果壳淡黄色或黄绿色，覆着金字塔形、粗糙、坚硬而尖锐的刺（图1-7）。果熟时易裂开。

6. 种子

榴莲果肉分5室，每室有2 ~ 6粒与果肉分离的种子。种子形如栗，长3 ~ 4 cm，大小因品种而异，周围附生有白、黄白或淡粉红色的柔软的肉质假种皮（果肉）（图1-8）。

图1-7　榴莲挂果枝

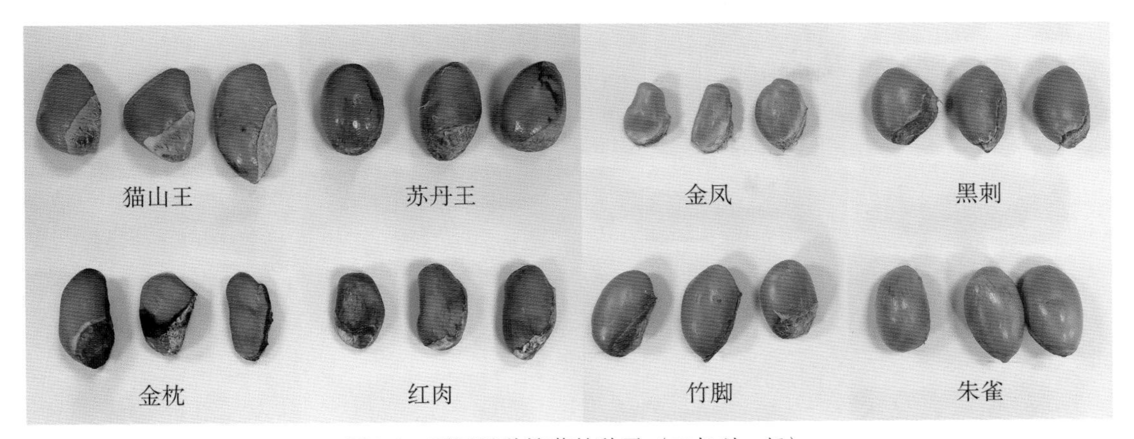

图1-8 不同品种榴莲的种子（丁哲利 摄）

二、生长发育特性

1. 开花特性

榴莲开花时，首先在枝条上观察到一个小“丘疹”突起。这些花芽不断发育，1个月后分化成花序，随后进入开花期。花芽在开花前1 ~ 2周生长速度最快，开花前一晚花芽急剧增大。大约在13:00，花瓣开放前2 h柱头从花瓣中伸出，此时柱头分泌黏液，具有可授性。开花时间与品种和气候有关。根据品种不同，花药开裂时间大致在18:00 ~ 24:00。柱头可授性和花粉释放之间的时间差影响授粉效果，柱头在花瓣开放之前露出，在13:00 ~ 14:00具有可授性，而花瓣在16:00后可开放，大多数商业品种的花粉释放时间为18:00 ~ 20:00或稍早一些。晚上稍晚些时候，花粉粒萌发的能力下降。由于榴莲开花在傍晚或者晚上（图1-9），传粉主要靠蝙蝠、果蝠、飞蛾、蚂蚁和大型甲虫。虽然巨

图1-9 榴莲晚上开花状（谭海雄 摄）

型蜜蜂是主要的传粉者，但蜜蜂白天觅食，对榴莲授粉的作用很小。异花授粉可显著提高坐果率。坐果率和附着在柱头上的花粉粒数量之间有显著的相关性。花受精后，除子房外，其他部分都在第二天早上凋落。授粉后不久，如果授粉成功，子房增大，花丝变干；没有授粉的情况下，花后7 ～ 10 d子房脱落。

大多数榴莲品种表现出自交不亲和性，这种自交不亲和性与花粉活力无关。Monthong、Kradum、Chanee和Kan Yao这4个品种的花粉在开花前一天和开花当天分别有90%、83%、94%和96%的萌发率。自花授粉的坐果率低于5%，D24榴莲品种异花授粉的坐果率为54%～60%。因此，榴莲果园需要种植多个品种，不仅有助于异花授粉，提高坐果率，还可以延长榴莲的市场供应期。在国外，有些果园混种50% D24、30% D99、20% D98或D114，这获得了广泛认可。D24为自交不亲和，产量低且果实形状不均匀。当D24与D99、D98和D114混合种植时，D24的产量和果实品质有显著提高。D99为早熟品种，花后90 ～ 100 d成熟；D24为中熟品种，花后105 ～ 115 d成熟；D98和D114是晚熟品种，花后120 ～ 130 d成熟。三者混种，可使榴莲市场供应期延长3周以上。

2. 果实发育期

榴莲的果肉即假种皮，是果实的可食用部分。假种皮在授粉成功后大约4周开始发育。假种皮的颜色、质地和厚度根据品种不同而有所不同。不同的榴莲品种，其果实形状不同，可根据果实形状区分品种。榴莲果实的形状受种子的影响较明显。未受精或授粉受精不均匀的子房不会发育或者发育不完整，因此果实的形状就会变得不均匀。

榴莲果实生长遵循单S形曲线(Subhadrabandhu和Shoda, 1997)。授粉后2周，果实长度和直径差异不大。第4周后，果实生长迅速，果实长度比直径增长更快。一直持续到第13周后开始减慢，直到第16周果实成熟。Monthong品种的果实纵向增加比横向快，因而形成椭圆形的果实。果肉（假种皮）干重在快速生长末期（第12周）到稳定初期（第16周）内迅速增加。一般从坐果到成熟的时间因品种而异，从95 ～ 135 d不等。

3. 种子特性

榴莲种子为顽拗型，对干燥和高温敏感。一旦处于稍微干燥或暴露在高温下，其活力会迅速丧失。在低温储存下，种子只能保存7 d左右。如果将种子表面消毒后放置在密封容器中，在20℃下保存，其活力可以保持长达32 d。

三、对环境条件的要求

根据国外资料和海南引种栽培的调研分析，榴莲经济栽培最适宜的生态指标是：年平均温度22 ～ 33℃，最冷月（1月）月平均气温高于8℃，冬季绝对低温6℃以上，≥10℃有效积温7 000℃以上；年降水量1 500 mm以上；年日照时数1 870.3 h以上；土壤

pH5.5 ～ 6.0，有机质含量2%以上；风速小于1.3 m/s。总体要求是不出现严寒，温度高，湿度大，阵雨频繁，风速低，土壤肥沃。

1. 温度

榴莲是典型热带果树，它对热量条件的要求较高，年平均温度需在22℃以上，全年基本上没有霜冻。6℃以下时，榴莲的嫩梢和新叶易受寒害。

2. 湿度

年平均降水量1 500 mm以上，且全年雨量分布均匀，是榴莲生产的理想湿度条件。

3. 土壤

榴莲对土壤适应性较强，山地或丘陵地的红壤土、黄壤土、紫色土、沙壤土、砾石土均可，但须地势高、排水良好、土层厚、有机质含量丰富。榴莲喜酸性土壤，碱性土及偏碱性土不能种植榴莲。

4. 光照

榴莲树喜好阳光，光照充足有助于促进同化作用，增加有机物的积累，有利于茎叶生长及花芽分化，提高品质。幼树要避免阳光直射，以免灼伤。因此，幼苗定植时需要遮阳以防暴晒，提高成活率。

5. 风

榴莲因枝条比较脆，最惧台风、干热风等，否则易造成风害。尤其在海南每年7 ～ 10月的台风频发期，更是要重点防台风。另外，一般建在风口上的榴莲基地，稍微大点的风对植株生长发育影响也非常大，通常会把叶片及花蕾吹掉，所以榴莲园选址一定要避开风口。

四、生态适宜区域

1. 国际适宜区域

榴莲原产地主要有泰国、马来西亚和印度尼西亚等，其他的一些种植区域还包括越南、老挝、柬埔寨、斯里兰卡、缅甸等，在美洲也有零星的榴莲产地。

2. 国内适宜区域

海南发展榴莲的地区主要有保亭县、陵水县、万宁市、三亚市、乐东县、琼中县、琼海市等，目前保亭县、陵水县等陆续有挂果。

云南西双版纳、广西南部、广东南部等部分地区在引种观测。

第四节　主栽品种

一、泰国品系

泰国已经命名的榴莲品种有200多个，大多是有名的商业栽培种。根据形态特征可将泰国榴莲栽培种分为6大类，分别是Kob、Luang、Kan Yao、Kampan、Thong Yoi和Miscellaneous（Hiranpradit 等, 1992；Kittiwarodom等, 2011；Husin等, 2018）。其中，泰国种植的榴莲品种最主要的有4种：金枕（Monthong）、青尼（Chanee）、干尧（KanYao/Long Stalk）和甲仑（Kradum）。泰国榴莲中，金枕品种几乎占据一半，其他品种的量则比较少。部分品种介绍如下。

1. 金枕

果实大，果形相对不规则，果壳黄色，果核小，有尾尖，刺较尖（图1-10）。果肉淡黄或奶黄色，多且甜，果期较长（图1-11）。单果重约3.0 kg，可溶性糖含量209.10 mg/g，有机酸含量0.36%，可溶性固形物含量32.60%，可食率36.05%。其中口感最佳的是5 ~ 6月泰国东部产区的金枕。因产量高、价格低、口感好，占据了中国80%以上的市场份额。

图1-10　金枕果实（邵本浩　摄）

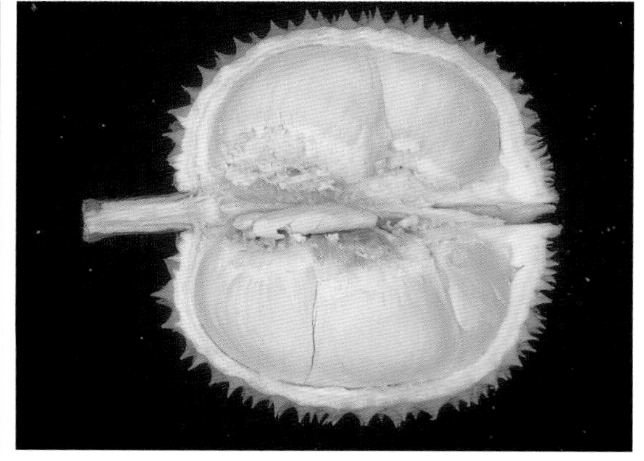

图1-11　金枕果肉（邵本浩　摄）

2. 青尼

又名查尼或金尼。单果重约1.9 kg。果长21.8 cm，果宽16.4 cm。可溶性糖含量157.40 mg/g，有机酸含量0.21%，可溶性蛋白含量13.12 mg/g，可溶性固形物含量26.50%。果实圆锥形，中间肥大、头细底平，瓣槽较深，果蒂大而短（图1-12）。果肉呈深黄近杏黄色，肉质细腻，气味和口感较金枕榴莲更加浓郁厚重（图1-13）。果核小。

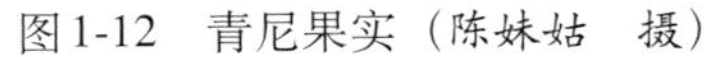

图1-12 青尼果实（陈妹姑 摄）

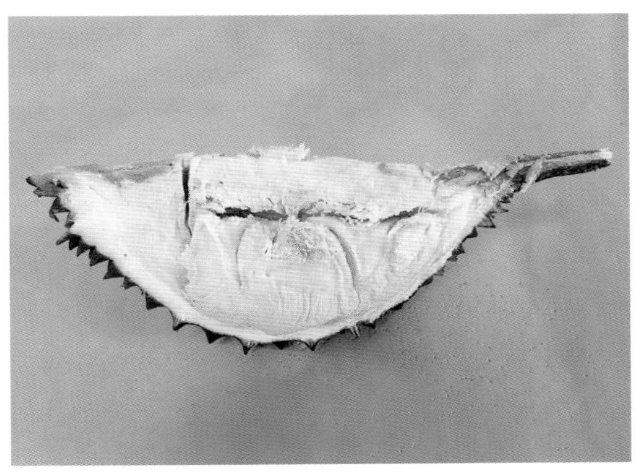

图1-13 青尼果肉（陈妹姑 摄）

3. 托曼尼

果实圆形，果柄比其他品种长，果壳青绿色，刺多而密（图1-14）。果核圆形，果相对较小，果肉少但细腻味浓，可溶性糖含量366.50 mg/g，有机酸含量0.25%，可溶性固形物含量37.90%，可食率22.15%（图1-15）。

图1-14 托曼尼果实（刘咲頔 摄）

图1-15 托曼尼果肉（刘咲頔 摄）

4. 火凤凰

果实椭圆形，果壳绿色，果刺尖且厚实（图1-16）。果肉黄白色，肉质结实、纤维少，很少开裂，香味浓郁（图1-17）。果核锥形，较大。单果重1.3 kg。可溶性糖含量377.98 mg/g，有机酸含量0.24%，可溶性固形物含量38.50%，可食率20.58%。

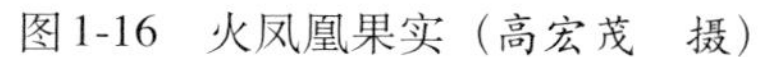
图1-16　火凤凰果实（高宏茂　摄）

图1-17　火凤凰果肉（高宏茂　摄）

二、马来西亚品系

马来西亚的榴莲注册品种达200多种，分别用D1至D232来编号，最出名的品种有：D197（Musang King/猫山王）、D24（Sultan/苏丹王）、D175（Red Prawn/红虾）、D160（竹脚）、D198（Golden Phoenix/金凤）、D101（红肉）、D200（Black Thorn/黑刺）、D88（橙肉）、D163（Horlor/葫芦王）、D158、D159、D188（MDUR 78）、D189（MDUR 79）、D190（MDUR 88）等，其中D188、D189、D190均为MARDI品系选育而成的杂交种。部分品种介绍如下。

1. D197

又名猫山王。原产于马来西亚。果实卵形，果皮多为绿色，在果实底部会有一个明显的五角星标记，这是猫山王特有的（图1-18）。果肉色泽金黄且明亮，口感细腻，纤维少，微苦，味觉层次过渡自然（图1-19）。果核较小，扁平。单果重约1.7 kg。可溶性糖含量274.65 mg/g，有机酸含量0.20%，可溶性固形物含量32.80%，可食率27.73%。

图1-18　猫山王果实（刘咲頔　摄）

图1-19　猫山王果肉（林兴娥　摄）

2. D200

又名黑刺。果实圆形，长22.6 cm，宽19.3 cm，单果重约2 kg。果壳绿色，短粗刺，刺尖顶部呈黑色，果皮厚约1.5 cm（图1-20）。果肉橙黄色，肉厚光滑、鲜嫩细腻，呈奶油状，纤维少，入口即化，味觉层次分明而又富于变化（图1-21）。果核小。可溶性糖含量312.58 mg/g，有机酸含量0.18%，可溶性固形物含量34.33%，可食率24.53%。

图1-20 黑刺果实（刘咲頔 摄）

图1-21 黑刺果肉（刘咲頔 摄）

3. D24

又名苏丹王。植株高大、健壮，树冠开张，呈宽金字塔形。开花有规律，产量高，每个产果季每株可结100 ~ 150个果实。全树结果，下层枝结果较多。果实中等大小，圆形至椭圆形，果皮厚，淡绿色（图1-22）。果肉厚，淡黄色，质地致密，味甜、坚果味，略带苦味（图1-23）。单果重1.0 ~ 1.8 kg。可溶性糖含量289.02 mg/g，有机酸含量0.26%，可溶性固形物含量32.57%，可食率25.54%。对疫霉菌引起的茎溃疡病极其敏感。此品种常会出现生理失调，导致果实成熟不均。

图1-22 苏丹王果实（高宏茂 摄）

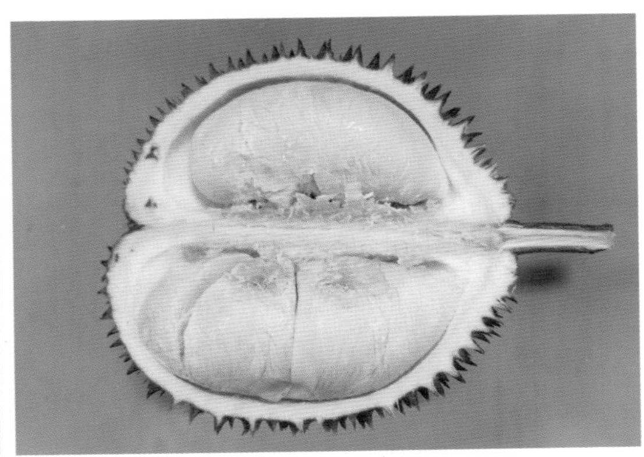

图1-23 苏丹王果肉（高宏茂 摄）

4. D13

又名朱雀。果实近圆形，体型小，单果重1.41 kg左右。果壳绿色，果刺宽，果底部秃，果柄基部有小穗状突起（图1-24）。果肉深橙色，肉质光滑、偏硬（图1-25）。果核大。可溶性糖含量352.50 mg/g，有机酸含量0.27%，可溶性固形物含量36.87%，可食率19.20%。果实采收期一般在每年5 ~ 12月。

图1-24 朱雀果实（刘咲頔 摄）

图1-25 朱雀果肉（刘咲頔 摄）

5. D163

又名葫芦王。果实中等大小，单果重约2.3 kg。果壳偏黄，刺密而尖锐（图1-26）。果肉呈黄色，口感绵密顺滑，甜中略微偏苦（图1-27）。果核偏小。可溶性糖含量294.10 mg/g，有机酸含量0.18%，可溶性固形物含量30.70%，可食率23.05%。

图1-26 葫芦王果实（刘咲頔 摄）

图1-27 葫芦王果肉（刘咲頔 摄）

6. D175

又名红虾。果壳棕黄色，果刺稀疏。果肉橘色偏红，顺滑可口，奶油味重。单果重约1.6 kg。可溶性糖含量351.91 mg/g，有机酸含量0.17%，可溶性固形物含量35.70%，可食率22.26%。该品种果实只在夏季才有。

7. D145

植株高度中等，对干旱极其敏感，结果无规律，但平均产量高，全树结果。果实中等大小，圆形至椭圆形，易开裂，果皮中等厚度、暗绿色，每室有1 ~ 4个排成单列的果苞。果肉中等厚度，鲜黄色，质地细密，微湿，味甜而香、坚果味，品质好。单果重1.3 ~ 1.5 kg。对疫霉菌引起的茎溃疡病极其敏感。

8. D160

又名竹脚。果实椭圆形，长32.4 cm，宽22.5 cm。果壳褐绿色，棘刺粗短、呈褐色（图1-28）。果皮厚，不易打开。果肉厚且光滑，质地黏稠，苦味重（图1-29）。种子小。单果重1.4 kg左右。可溶性糖含量289.40 mg/g，有机酸含量0.11%，可溶性固形物含量36.00%，可食率30.20%。

图1-28 竹脚果实（丁哲利 摄）

图1-29 竹脚果肉（丁哲利 摄）

9. D158

果实卵形，长23.7 cm，宽20.6 cm。果壳深绿色，棘刺细短、呈棕色，果皮厚0.8 cm。果肉黄色，肉质厚且细腻，甜度中等，无苦味，可食率32.90%。

三、国外其他品系

印度尼西亚的榴莲商业栽培品种，除了从泰国引进的Chanee和Monthong外，还有

Durian Sukun、Durian Petruk、Sihijau、Sijapang、Sawerigading、Long Laplae、Tembaga等多个品种。

文莱的榴莲品种，除了通过品种鉴定的本地品系Durian Kuning、Durian Kura-kura、Durian Sukang、Durian Pulu、Durio Dulcis等外，还有一些是从马来西亚和泰国引进的外来品系。

菲律宾的榴莲商业栽培品种，主要为DES806、DES916、Umali、GD69、D24、D101、Puyat、Duyaya、Alcon Fancy、Chanee和Monthong。

四、海南本地驯化选育的品系

中热1号品系也称为七仙1号，是由中国热带农业科学院海口实验站与海南七仙影农业开发有限公司联合选育的榴莲新品系。该品系由干尧（Kan Yao）驯化而来，已在海南保亭驯化了近20年。植株生长旺盛，结果稳定。果大，单果重3 kg左右，刺长1.3 cm左右，果柄长6.5 cm左右，果实纵径26.43 cm，果实横径19.10 cm，种子纵径58.1 mm，种子横径30.4 mm，果形指数1.38，果皮厚度15.38 mm，单果种子数量约9个（图1-30、图1-31）。可溶性糖含量268.28 mg/g，有机酸含量0.19%，可溶性固形物含量33.80%，可食率22.72%。该品系在海南保亭、陵水、三亚等地试种表现良好。

图1-30　中热1号果实（朱振忠　摄）

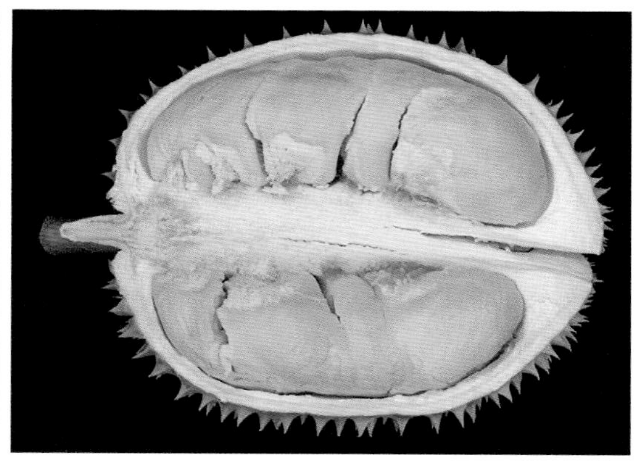

图1-31　中热1号果肉（朱振忠　摄）

第五节　种苗繁殖

一、实生苗繁殖

用播种方式繁育的种苗叫实生苗。实生苗的特点是遗传变异性大，童期长，结果慢。榴莲实生苗定植后一般要8 ~ 10年才能开花结果，因此生产上一般不采用实生苗直接种植。

二、压条苗繁殖

压条又称圈枝，属于无性繁殖的一种，是将母株上的枝条埋压于土中，或将树上的枝条基部适当处理后包埋于生根介质中，使之生根后，再将其从母株割离，成为独立、完整的新植株的过程。压条繁殖的特点是在不脱离母株的条件下促其生根，成活率高，结果早，但繁殖量少，无主根，根须不发达。

三、嫁接苗繁殖

榴莲嫁接苗是将某一品种的枝或芽通过一定方法嫁接到另一植株上，接口愈合后长成的苗木。嫁接苗主要包括砧木和接穗两个部分。嫁接苗的特点是能保持母树的优良性状，结果早。嫁接在果树栽培上普遍应用。榴莲嫁接苗植后第3年即可开花结果。

1. 砧木选种

选择适宜本地种植的、抗性强的榴莲品种（系）作为砧木苗。一般当果实成熟后现采现播种，这样发芽率高。随着果实储藏时间增加，种子发芽率逐渐降低。宜选质量好、营养充分、无病虫害的果实种子。推荐选择在本地育种驯化后，适宜当地气候环境的品种（系）。

选择最佳的砧穗组合进行嫁接是任何果树栽培的关键先决条件。使用同种的砧木，嫁接亲和性会更好。砧木的根系越粗壮、越发达，越有利于养分和水分的吸收，促进树体生长，提前成熟，提高果实品质。

Voon(1994)等的研究结果显示，*D. testudinarius*作为*D. zibethinus*的砧木具有矮化效应。在印度，近缘种*Cullenia excelsa*被用作砧木可以促进榴莲早结果。耐病性好的榴莲栽培品种也可作为砧木，Tai(1971)发现D2、D10、D30和D63比D4、D24、D66对疫霉病具有更强的耐性。在泰国，Chanee通常用作砧木。来自马来西亚的D2、D10、MDUR79(D189)、MDUR88(D190)等品种和来自泰国的Chanee品种作为砧木，其嫁接苗在果实品质、产量和对疫霉病的抗性方面表现优异。

2. 砧木繁殖

选择健壮、新鲜的种子浸泡在清水中3 d左右，待种子裂口后出现芽点即可播种（图1-32）。播种时，将芽点的一端朝下，播种株行距以20 cm × 20 cm为宜。播种后覆一层浅土，保持土壤湿度30%左右，不久即可发芽。刚出芽的幼苗要在75%遮阴条件下保存，然后移入营养袋培育（图1-33）。在移植前进行50%遮阴。当苗长到一定高度或粗度时进行嫁接，待14 ~ 16个月时可以移植到田间种植。

图1-32　榴莲种子泡水后催芽

图1-33　榴莲营养袋育苗

3. 接穗选择

选择需要嫁接的榴莲主栽品种或新品种的枝条作为接穗。最好选择已过童期进入结果期的品种纯、无病虫害、芽眼多且饱满的优良品种枝条作为接穗。接穗采集后要及时完成嫁接，以免失水影响嫁接成活。另外，如果接穗需要长途运输时，必须作保湿处理，通常是用湿毛巾包裹后再用保鲜袋等进行包裹，保持一定湿度，时间不宜过长，以免影响嫁接成活率。

4. 常用嫁接方法

榴莲嫁接方法主要包括芽接和枝接，而枝接常用切接、劈接和靠接。

（1）芽接　技术要点：一是切砧木。选择茎粗0.5 ~ 1.0 cm的砧木，离地20 ~ 25 cm处截断，选光滑的一侧纵向间隔1.0 ~ 1.5 cm处切2刀，挑皮2 ~ 3 cm，挑皮面稍大于接穗切面（图1-34）。二是削接穗。接穗留1个芽，剪去1/2叶片，将接穗下端，接芽背面一侧，削成长1.5 ~ 2.5 cm、宽0.5 ~ 1.0 cm、深达木质部1/3的平直光滑斜面，略带木质部，再将下端相对的另一侧削成45° 的小斜面，略带木质部（图1-35）。三是插接穗。将接穗基部的斜削面和砧木挑皮面的形成层对准，砧木挑起的皮包住接穗并用嫁接膜绑扎固定。四是封接穗。用宽10.0 ~ 12.0 cm、长15.0 ~ 18.0 cm的封口袋将接穗和砧木膜绑扎固定处密封（图1-36）。

（2）切接　果树枝接方法之一。适用于砧木小、砧木直径1 ~ 2 cm时的嫁接。

技术要点：一是采接穗。先选长度7 cm左右、具有2 ~ 3个饱满芽的接穗，注意接穗粗度与砧木相当（图1-37）。二是切砧木。砧木离地面20 cm以内截断（具体根据砧木及嫁接口高低而定），截面要光滑平整，砧木斜削面要与接穗斜削面相当（图1-38）。三是削接穗。在接穗的下端，接芽背面一侧，用刀削成削面2 ~ 3 cm长、深达木质部1/3的平直光滑斜面，略带木质部。四是插接穗。将接穗基部的斜削面和砧木斜削面对接，必

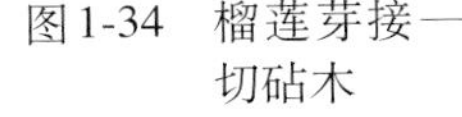

图1-34 榴莲芽接——切砧木

图1-35 榴莲芽接——接穗处理

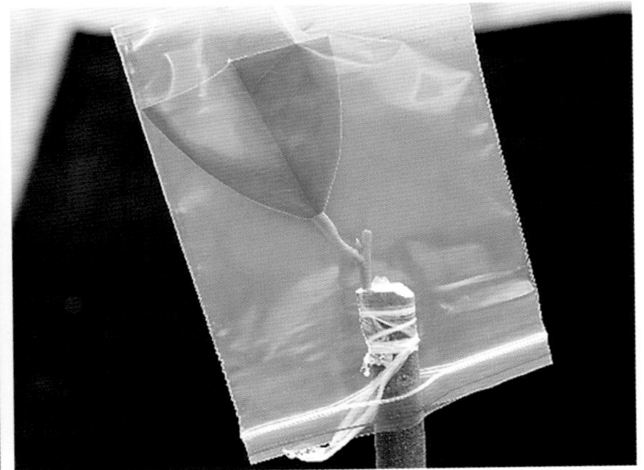

图1-36 榴莲芽接——绑膜密封固定

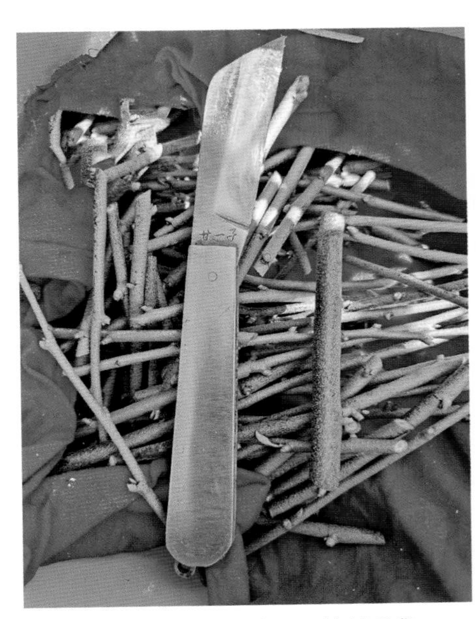

图1-37 榴莲切接——接穗采集

图1-38 榴莲切接——切砧木

须形成层对准（图1-39）。五是绑扎。接穗和砧木对准后用嫁接膜绑扎固定，将嫁接部位与接穗包裹紧并密封（图1-40）。整个嫁接过程突出“平、准、快、紧”的特点。

（3）劈接 果树枝接方法之一。适用于较粗砧木的嫁接。从砧木断面垂直劈开，在劈口两端插入接穗，其他操作技术要点与切接法相同。此方法的优点是嫁接后结合牢固，可供嫁接时间长；缺点是伤口太大，愈合慢。

技术要点：一是削接穗。将接穗下端削成2 ~ 3 cm长的双斜面，并留2 ~ 3个饱满的芽点。二是劈砧木。在砧木接位上剪断削平，在其断面中间纵劈一刀，深度与接穗削面长度相等。三是插接穗。将接穗插入砧木劈口，对齐一边形成层，注意接穗的削面不

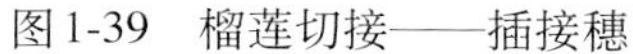
图1-39　榴莲切接——插接穗

图1-40　榴莲切接——绑膜密封固定

要全部插入砧木的劈口，应露出0.2 cm左右。也可将砧木劈口两侧各插入一个接穗。四是绑扎。接穗和砧木对准后用嫁接膜绑扎固定，将嫁接部位与接穗包裹紧并密封，注意避免接穗和砧木结合处有丝毫松动。

（4）靠接　果树枝接方法之一。接时将有根系的两植株，在互相靠近的茎、枝等处都削去部分皮层，随即相互绑扎使二者接合，待愈合后，再将砧木的上部和接穗的下部切断，使之成为独立的新植株（图1-41）。此法适用于切离母株后不易接活的植物。

海南的榴莲几乎都是从东南亚各国引进的，为了提高成活率，通常采用靠接方法繁育保存。

图1-41　榴莲靠接

四、苗期管理

榴莲苗期要保持苗圃遮阴和湿润。遮阴是为防止太阳暴晒。要经常进行喷水，但水量要

适度，过干或过湿都不利于种苗生长。天气阴凉时，一般每天喷一次水即可，晴天则需要早晚各喷一次水；如果遇到降雨天气，则需要及时进行排水。田间也会出现杂草，要进行除草。苗期适当追肥，主要是薄施液体复合肥，以促进幼苗生长。同时注意病虫害防控。

五、种苗出圃

一般榴莲种苗出圃要达到以下要求：一是种苗嫁接口要充分愈合，并且接穗要新长出一蓬以上的新梢，种苗高度在30 cm以上；二是种苗生长健壮，无病虫害；三是种苗品种纯度要高（图1-42）。

图1-42 榴莲种苗出圃

第六节 栽培管理

一、建园选址

1. 园地选择

园区选在榴莲适宜区，年平均温度24 ℃以上，绝对低温6 ℃以上；年降水量1 500 mm以上且分布均匀，或有灌溉条件；地势较好，海拔250 m以下，坡度小于25°

的山坡地、缓坡地或平地；以土层深厚、有机质含量较高、排水性和通气性良好的壤土为宜，土壤pH 5.5 ～ 6.5；地下水位低；基地避开风口。

2.果园规划

（1）作业区划　作业区的大小应根据榴莲的品种、种植规模，以及作业区的地形、地势进行对口配置，还必须考虑作业方便。一般一个作业区面积在1.33 ～ 1.67 hm^2。

（2）灌溉系统　具有自流灌溉条件的果园，应开主灌沟、支灌沟和小灌沟。这些灌沟一般修建在道路两侧，地形地势复杂的果园自流灌沟依地形地势修建。没有自流灌溉条件的果园，设置水泵、主管道和喷水管（或软胶塑管）进行自动喷灌或人工移动软胶塑管浇水。

（3）排水系统　山坡或丘陵地果园的排水系统主要有等高防洪沟、纵排水沟和等高横排水沟。在果园外围与农田交界处，特别是果园上方开等高防洪沟。应尽量利用天然的汇水沟做纵排水沟，或在道路两侧挖排水沟。等高排水沟，一般在横路的内侧和梯田内侧开沟。平地果园的排水系统，应开果园围边排水沟、园内纵横排水沟和地面低洼处的排水沟，以降低地下水位和防止地表积水。

（4）道路系统　果园道路系统主要是为了运营管理过程中交通运输所用，可根据果园规模大小而设计，一般分为主路、支路等。通常主路宽5 ～ 6 m，支路宽2 ～ 4 m。

（5）防风系统　在国内的榴莲主产区海南，每年7 ～ 10月是台风高发期。因榴莲不抗风，所以果园种植规划中一是要考虑避开风口，二是要考虑人工建造防风林。防风林可以降低风速减少风害，增加空气温度和相对湿度，促进榴莲提早萌芽和有利于授粉媒介的活动。在没有建立起农田防风林网的地区建园，都应在建园之前或建园的同时，营造防风林。一般选用台湾相思、木麻黄、印度紫檀、非洲楝、刺桐、榄仁树、银桦、柠檬桉、榕树等。

（6）辅助设施　大型果园应建设办公室、值班室、宿舍、农具室、包装房、仓库等附属设施。

3.备地种植

（1）全区整地　坡度小于5°的缓坡地修筑沟埂梯田，大于5°的丘陵山坡地宜修筑等高环山行（图1-43、图1-44）。一般环山行面宽1.8 ～ 2.5 m，反倾斜15°。平地开沟或起垄种植。

（2）定标　根据园地环境条件、品种特性和栽培管理条件等因素确定种植密度。一般采用矮化密植兼顾适宜机械化作业。考虑后期需要间伐或移栽，可采用株行距为（4 ～ 5）m×（4 ～ 5）m；后期如不间伐或移栽，可采用株行距为（5 ～ 6）m×（7 ～ 8）m。行距要适宜小型机械化作业。

图1-43 环山行靠外种植（周兆禧 摄）

图1-44 坡地环山行种植（林运兴 摄）

二、栽植技术

1. 栽培模式

（1）矮化抗风栽培模式　东南亚榴莲通常单位面积上栽培较稀，植株较大，甚至有的每667 m^2种植7株左右。海南榴莲不适宜稀植和留高大树冠，否则容易被台风危害。海南榴莲种植一般采用矮化密植的抗风栽培模式，每667 m^2种植33 ～ 41株，每株高度勿超过3 m。矮化密植的优点：一是降低台风的危害（矮化的树冠相对抗风）；二是提高田间管理效率，一定程度上降低劳动成本。

（2）间作栽培模式　榴莲幼树间作模式：一是榴莲间作短期作物。如在幼龄榴莲果园，可间种花生、绿豆、大豆等作物，或者在果园长期种植无刺含羞草、柱花草做活覆盖。在树盘覆盖树叶、青草、绿肥等，每年2 ～ 3次；同时可以间作冬季瓜菜，如大蒜、韭菜等（图1-45）。二是榴莲间作长期作物，如间作槟榔、柚子、红毛丹、山竹等（图1-46至图1-48）。

（3）品种混种模式　不同品种（系）的榴莲在开花时间、果实大小、果实品质等方面有较大差异，而榴莲一般在傍晚或晚上开花，从开花到凋谢的时间非常短促，到第二天早上就开始凋谢。品种混种能够借助晚上非常活跃的传授花粉媒介，如蝙蝠、蜜蜂及蚂蚁等，进行不同品种间授粉受精。

图1-45　榴莲间作大蒜

图1-46 榴莲间作槟榔

图1-47 榴莲间作柚子

图1-48　榴莲间作山竹

榴莲自花授粉的坐果率低于5%，也就是单一榴莲品种种植坐果率低，而多品种种植异花授粉的坐果率为54%～60%，因此榴莲果园需要种植多个品种，不仅有助于异花授粉，提高坐果率，还可以延长榴莲的市场供应期。不同品种混种方式有排列法和随机法（图1-49、图1-50）。

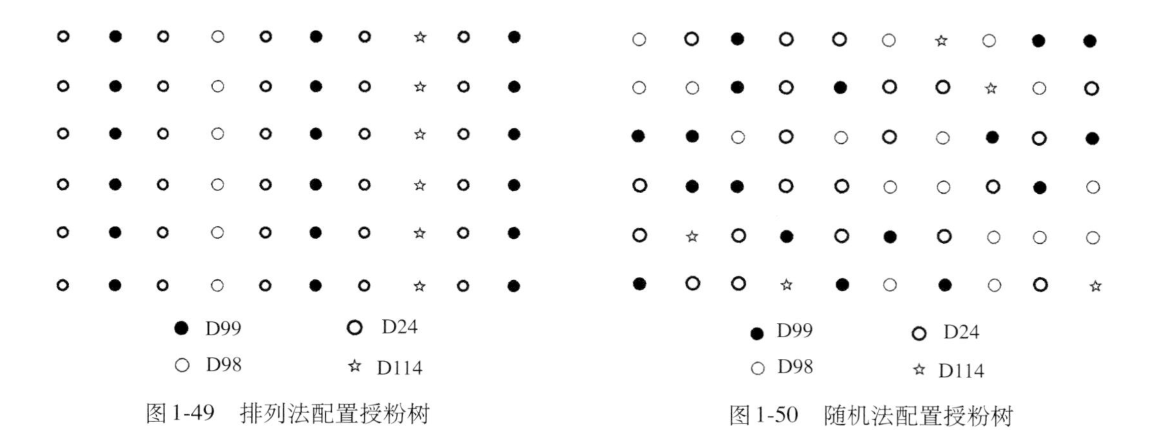

图1-49　排列法配置授粉树

图1-50　随机法配置授粉树

2. 栽植要点

(1) 种植穴规格 种植榴莲按标定的株行距挖穴，穴的长 × 宽 × 深为100 cm × 100 cm × 80 cm，底土和表土分开（图1-51）。种植前1个月，每穴施腐熟有机肥15 ~ 25 kg（禁止使用火烧土等碱性肥料），过磷酸钙0.5 kg。基肥与表土拌匀后回满穴呈馒头状。

(2) 定植时间 榴莲在海南一般一年四季均可定植，但推荐优先春植、秋植。具有灌溉条件的果园6 ~ 9月定植，没有灌溉条件的应在雨季定植。

(3) 栽植技术 将榴莲苗置于穴中间，根与茎结合部与地面平齐，扶正、填土，再覆土，在树苗周围做成直径0.8 ~ 1.0 m的树盘，浇足定根水，用稻草或地布等材料覆盖。回土时切忌边回土边踩压，以避免根系受伤（图1-52）。

(4) 遮阳防晒 榴莲喜高温高湿，切忌种植后遭受干热风或太阳暴晒。为了提高种植的成活率，需要对每株进行遮阳防晒，在植株的四周搭架，并用遮光率75%左右的遮阳网覆盖，防止太阳暴晒（图1-53）。当植株长势健壮后，拆除遮阳网即可。

图1-51 定标挖穴

图1-52 回土定植

图1-53　定植后覆盖树盘与植株防晒

（5）立柱防倒　榴莲定植后，由于枝梢比较脆，易折断，加之生长较快，主干易长歪，甚至折断。因此，一般定植后都要用竹子、木棍或者不锈钢管进行立柱。可以采用单柱或三脚柱固定植株，防倒防断（图1-54、图1-55）。

图1-54　立单柱绑缚防倒

图1-55　立三脚柱防倒

三、田间管理

1. 培养早结丰产树形

（1）分层选留侧枝　榴莲幼树管理要注重培养早结丰产树形。由于榴莲幼树生长过程中，主干生长旺盛，侧枝多呈扇形萌发生长，再加之榴莲枝干较脆且不抗风，因此要选择分布均匀的侧枝保留。一般培养成以下两种树形。

①单主干形。幼树主干生长到高0.8 m左右时留侧枝，整株高度控制在3 m以内。侧枝以分层方式选留，第一层分选3 ～ 4条分布均匀的一级侧枝；第二层侧枝离第一层侧枝0.4 m左右，分选3 ～ 4条分布均匀枝；照此方式依次选留层次分明的侧枝（图1-56）。

②双主干形。榴莲双主干形是指单株榴莲种苗种植后，有2个主干生长，各主干高度控制在3 m以内，并对各主干的侧枝以分层选留方式保留结果枝。各主干第一层分选2 ～ 3条分布均匀的一级侧枝；第二层侧枝离第一层侧枝0.4 m左右，分别选2 ～ 3条分布均匀枝；照此方法依次选留层次分明的侧枝（图1-57）。

图1-56　榴莲单主干植株

图1-57　榴莲双主干植株

（2）适时截顶控高　由于榴莲生长较为旺盛，加之枝梢及树干较脆，易折断不抗风，因此当榴莲植株长到一定高度时要剪去顶端，消除顶端优势，促进侧枝生长。海南种植区一般控制植株主干高3 m左右，具体因基地所处位置而定，风口处应矮一些，背风处可留高一些。当植株截顶后，会再次从顶端萌发新枝继续往上生长，会再次形成顶端优势，因此需要适时进行截顶控制植株高度。

2.施肥管理

（1）施肥时期

①定植前重施基肥。定植前1个月挖穴，并重施基肥，每穴施腐熟农家有机肥（羊粪、牛粪、猪粪、鸡粪等）15 ～ 25 kg，过磷酸钙0.5 kg。商品性有机肥则根据肥料情况适当增减。

②幼树肥勤施薄施（1 ～ 3年）。

推荐施肥量：当植株抽生第二次新梢时开始施肥。全年施肥3 ～ 5次，施肥位置第一年在距离树基约15 cm处，第二年以后在树冠滴水线处。前3年施用有机肥加氮磷钾三元复合肥（15-15-15）或相当的复合肥，1龄、2龄、3龄树推荐复合肥施肥量分别约为0.5 kg/（年·株）、1.0 kg/（年·株）、1.5 kg/（年·株），每年至少施一次有机肥15 kg左右。

水肥一体化施肥方式：幼树施肥目的主要是促进速生快长，形成早结丰产的树形。一般此期施肥需用三元复合肥，推荐施肥比例为N ： P_2O_5 ： K_2O=1.0 ： 1.0 ： 0.4。采用水肥一体化施肥方式，施肥频次依气候和植株长势而定，干旱季节需要勤施，每7 ～ 10 d施水肥一次，雨季施肥间隔可适当拉长（图1-58、图1-59）。

图1-58　水肥一体化管道

图1-59　水肥一体化容器

③结果树施肥（4年以上）。一般榴莲嫁接苗种植后4年以上开始开花结果。结果树的施肥类型、施肥量和施肥时期对榴莲果实产量及品质影响较大，一般在以下时期施肥较为理想。

开花期：海南榴莲开花时间一般从12月到翌年5月，几乎每个月都在陆续开花。这一时期榴莲主要由营养生长过渡到生殖生长，主要是花芽分化和开花，需根据榴莲开花情况和开花量，适时调整施肥方案。推荐施肥方案：一是降低氮肥用量；二是喷施富含硼的叶面肥，有利于花粉管的萌发和授粉受精；三是减少灌溉，因保持适度干旱有利于花芽分化。推荐施肥量为每株施有机肥5 kg＋三元复合肥0.2 kg，具体施肥量根据树势情况调整。

果实膨大期：榴莲开花后1 ～ 2个月为果实膨大期。这一时期果实迅速膨大，对中微量营养元素的需求较为敏感；以氮、磷、钾三元复合肥为主，兼施富含中微量营养元素的微肥。推荐施肥量为每株施有机肥10 kg左右＋三元复合肥0.3 kg，具体施肥量及频次根据树势适时调整。

采果后：这一时期果树由于果实采收后，树体营养流失较大，需要及时补充营养恢复树势以备第二年结果。这次施肥结合深压青进行，推荐施肥量为每株施农家肥等有机肥25 ～ 40 kg+氮磷钾三元复合肥（15-15-15）0.5 kg。

（2）施肥方式　榴莲果园施肥一般分为土壤施肥与根外施肥两大类。

①土壤施肥。根据果树种植情况及根系分布特点，施肥方式有穴施法、放射沟施肥法、环状沟施肥法、条状沟施肥法、全园施肥法和灌溉施肥法。

穴施法：沿树冠垂直投影外缘挖穴，每株树挖8 ～ 12个穴，穴深20 ～ 30 cm（图1-60）。肥料必须与土混匀后填入穴中。这种方法适宜在幼果期和果实膨大期追肥时使用。

放射沟施肥法：以树冠垂直投影外缘为沟长的中心，以树干为轴，每株树呈放射形挖4 ～ 6条沟，沟长60 ～ 80 cm；沟的截面呈楔形，里窄外宽，里宽20 cm，外宽40 cm；沟底部呈斜坡，里浅外深，里深20 ～ 30 cm，外深40 ～ 50 cm（图1-61）。春季第一次追肥适宜采用这种方法。

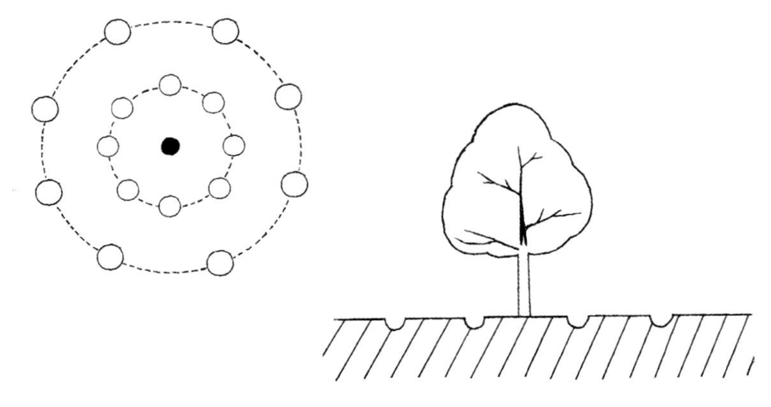

图1-60　穴状施肥（刘咲頔　手绘）

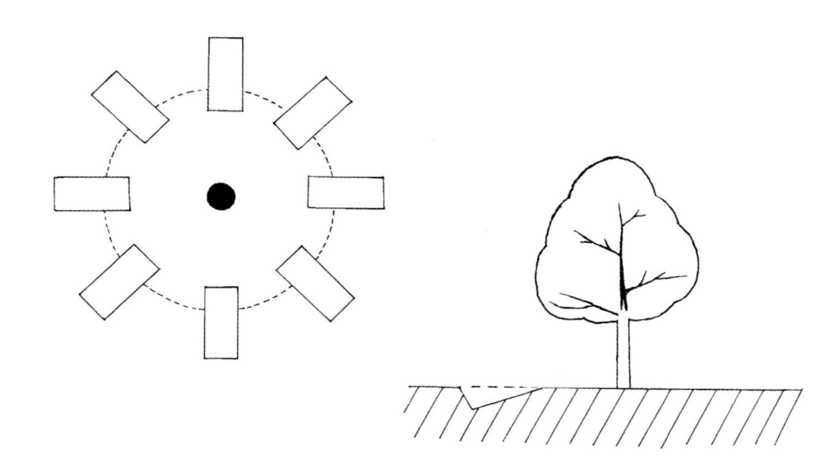

图1-61　放射状施肥（刘咲頔　手绘）

环状沟施肥法：以树干为中心，在树冠垂直投影外缘挖环形沟。沟宽20 ～ 40 cm，沟深40 ～ 50 cm（图1-62）。将肥料与土混匀后填入沟中，距地表10 cm以内的土中不施肥。秋季施底肥时适宜采用这种方法。

条状沟施肥法：在树冠垂直投影的外缘，与树行同方向挖条形沟。沟宽20 ～ 40 cm，沟深40 ～ 50 cm（图1-63）。施肥时，先将肥料与土混匀后回填入沟中，距地表10 cm以内的土中不施肥。通过挖沟，既能将肥料施入深层土壤中，又有利于肥料效果的发挥，还能使挖沟部位的土壤疏松。随着树冠扩大，挖沟部位逐年外扩，果园大面积土壤结构得到改善。这种施肥方法适宜在秋季施底肥时采用。

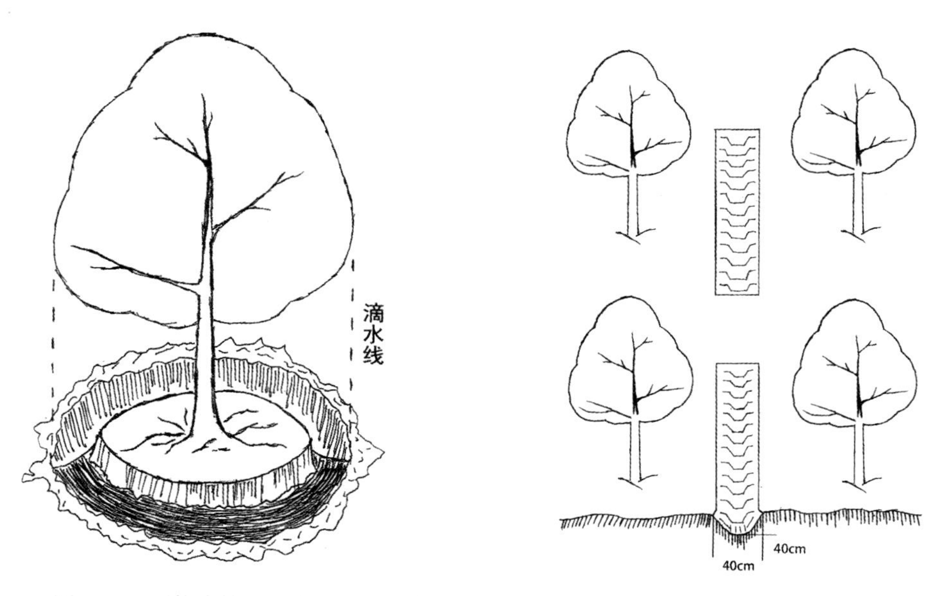

图1-62　环状沟施肥（刘咲頔　手绘）　图1-63　条状沟施肥（刘咲頔　手绘）

全园施肥法：将肥料均匀撒施全园，翻肥入土，深度以25 cm为宜。此法适用于根系满园的成龄树或密植型果园。

灌溉施肥法：灌溉施肥又称为水肥一体化，可先将化肥溶解到水中，然后随灌溉水管道一起施入。这一施肥方法大幅度提高了肥料利用率，同时也节约了劳动力成本，是现代果园的重要标志之一。

②根外施肥。根外施肥又称叶面肥，是将一定浓度的肥料溶液直接喷洒在叶片上，利用叶片的气孔和角质层具有吸肥特性达到追肥的目的。这种方法具有节约用肥、起效快、避免土壤对某些元素的化学和生物固定等优点。一般在补充中微量营养元素时采用此方法。根外施肥不要在下雨天喷施，喷施时多喷于叶片背面，因为叶背吸收率高于叶面。

3. 土壤管理

榴莲植株生长良好的基础是土壤肥沃。提高土壤的肥力，方能提高榴莲果树的生产力，才能实现提高果品产量和改善品质的目的。通常采用以下方法提高榴莲果园土壤肥力。

（1）深翻改土

①时期。果园深翻一年四季均可进行，以10月底至12月秋冬季节为佳。此时气温下降，树液流动减缓，树体处于休眠状态，深翻时伤根或断根，对树势影响较少，结合秋肥施用进行深翻效果最好。

②方法。深翻改土的方法包括隔行深翻和全园深翻。

隔行深翻：在果园行间隔一行翻一行。深翻在树冠外围开沟，深40 ～ 60 cm。回填压肥时，将表土和较好的肥料放于吸收根周围，注意保持吸收根处的土壤松散。

全园深翻：以树冠滴水线处进行为宜。从内向外逐渐加深，树冠下部20 cm左右为宜，树冠外围应加深至30 ～ 60 cm。这种方法一次需劳力多，但翻后便于平整土地，有利于果园耕作。全园深翻可改良土壤结构，增加活土层厚度，增强土壤通气和保水保肥能力，促进土壤微生物活动，加速难溶性营养物质转化，使土壤水、肥、气、热得以全面改善，但生产管理成本高。

（2）园区清耕

①方法。园内不间种作物，采用中耕除草等方法使果园地面常年处于疏松无杂草状态。每年需中耕除草3 ～ 5次。

②效果。及时松土除草，可避免杂草与果树争夺养分和水分，同时使土壤疏松透气，加速有机质分解，短期内显著增加有机态氮素。但缺点是土壤表面裸露，表土流失严重，肥料养分释放快，土壤有机质含量低，长期清耕易出现各种缺素症，造成树势减退及生理障碍。

4. 园区生草

果园生草覆盖技术是指在果园种草或让果园内原有的杂草自然生长，定期进行割草粉碎还田。果园生草覆盖有以下优点：一是防止或减少果园水土流失。二是改良土壤，提高土壤肥力。果园生草并适时翻埋入土，可提高土壤有机质，增加土壤养分，为果树根系生长创造一个养分丰富、疏松多孔的根层环境。三是促进果园生态平衡。四是优化果园小气候。五是抑制杂草生长。六是促进观光农业发展，实施生态栽培。七是减少使用各类化学除草剂所带来的污染。果园主要采取间套种绿肥或者果园生草以增加地面覆盖（图1-64）。树盘覆盖一般选择绿肥，如假花生、广金钱草和柱花草等作物。另外，果树植株的落叶也可以当作覆盖材料。

图1-64　榴莲生草覆盖

图1-72　木棍交叉保护结果枝

图1-73　竹竿立柱保护结果枝

（5）防冷害　冷害是指0℃以上的低温对喜温果树造成的伤害。榴莲属于典型热带果树，对低温较为敏感。低温冷害对榴莲造成的不利影响主要包括：①低温冷害降低榴莲的光合作用。②低温冷害打乱榴莲正常的呼吸作用。③低温冷害降低榴莲树体对矿质营养元素的吸收。④低温冷害影响榴莲生殖生长，直接造成花芽分化、开花、授粉受精及幼果的生长发育不良，甚至造成整个植株死亡。

因此，在寒流天气来临前，一般采取以下措施进行预防：

①改善榴莲果园小气候环境来进行保护，主要包括对榴莲树体覆盖塑料膜、果园灌水、果园熏烟、果树淋水等措施改变小气候环境。

②加强田间管理技术，增强树势，可以喷施一些防冻剂。

③选址建园时避开寒流易危害的地方，同时选择抗性较强的榴莲品种。

（6）防风害　风害主要指台风、龙卷风和雷雨大风等对榴莲果树的危害（图1-74至图1-76）。主要有以下的影响：

①机械损伤。主要造成榴莲落叶、落花、落果、断枝、折干甚至倒伏。

②生理危害。大风加速水分蒸腾，造成榴莲叶片气孔关闭，光合强度降低，从而造成树势衰弱，代谢紊乱。

图1-74　榴莲主干被台风折断状

图1-75 榴莲主枝被风折断状

图1-76 榴莲大树被台风危害状

榴莲果园防风措施主要包括：

①建防风林，在果园四周建立防风林。

②建防风挡墙，主要在果园逆风面或者风口处建筑防风墙。

③矮化密植，采用矮化密植抗风栽培模式。

④设支柱或立架固定树干，减轻风害（图1-77）。

图1-77　榴莲立架防风

四、大树移栽

榴莲大树移栽，是指针对定植多年的榴莲树体（包括处于童期的幼树和成年结果树），将其种植位置进行移动的栽培过程。榴莲大树移栽成活的关键是要保持植株水分平衡。移栽过程中的关键技术要点如下。

1. 树冠修剪

榴莲幼树或成年果树在移栽前，首先需要对植株枝叶进行适当修剪，以减少枝叶蒸腾失水。根据树势情况，保留骨干枝，并对骨干枝进行适当回缩修剪，其余弱枝、交叉枝、过密枝、病虫害枝等进行剪除，整个树冠适当保留叶片。

2. 适时断根

当年准备移栽的榴莲成年果树，最好在上一年秋季后或早春果树发芽前进行断根处理。也就是围绕树干，以30 ~ 80 cm为半径垂直向下挖40 ~ 50 cm进行切根（与土球大小相当）。根据植株大小情况而定，一般切断2/3左右的根系。保留部分粗根吸收水分和养分，以起到固定的作用。对这些保留的粗根进行环剥处理，目的是促使其生出新根。一般成年果树在其主干直径（地径）粗度8 ~ 10倍的位置进行切根（图1-78）。

图1-78 榴莲大树断根

3. 包扎土球

榴莲幼树或成年果树移栽必须带土球，这对保证果树成活至关重要。成年果树移栽所带土球要根据植株大小而定。一般大土球有利于提高成活率，但土球过大在移栽过程中导致移动运输成本加大；而土球太小，又难以保证成年果树的成活。因此，土球大小是影响大树移栽成活率的关键问题。一般情况下，榴莲成年树主干直径（地径）粗度8 ~ 10倍（直径）的土球适宜。在运输过程中，必须将土球包扎结实，避免土球散落，土球结实完整是保证移栽成活的关键因素（图1-79、图1-80）。

图1-79　包扎土球

图1-80　榴莲大树移栽

4. 树干包裹

在移栽过程中，从挖土球后，用湿润的草绳缠绕树干，也能够起到减少树体水分蒸发的作用。可以经常向这些草绳喷水，保持湿润状态。

5. 生根处理

榴莲幼树或成年果树移栽定植时，不仅要淋透定植水，还要添加生根粉进行处理，以促进新根的萌发。

6. 定植遮阳

为了减少果树水分蒸发，可以为移栽后的榴莲树搭建遮阳棚，减少太阳的直晒。采用竹木和钢管搭建脚手架并在脚手架上覆盖遮阳网，直到移栽成活后再拆除遮阳网。

7.适时管理

榴莲幼树或成年果树移栽后要加强田间管理，主要包括肥水管理、树形培养、病虫害防控等。移栽后水肥管理要遵循少量多次、勤施薄施的原则。用干草或绿肥进行树盘覆盖，以保持树盘湿润。为尽快恢复树势，采用开沟施肥、叶面施肥（待新叶长出）和吊袋输液结合的方式补充树体所需营养。

第七节　采　　收

一、成熟采收

榴莲一年有2个成熟季，分别为每年6～8月及11月至翌年2月。当果实转橙黄色或橙红色时，即为成熟，可采收。远距离运输的，一般不等果实充分成熟就采收，采收后不能直接鲜食，需经4～7 d后熟期，待果肉松软后才能食用。就近销售的，可让果实在树上充分成熟后采收，此时风味最好。

二、分级方法

根据国际食品标准《榴莲标准》(CODEX STAN 317—2014)，榴莲分为以下3个等级。

特级果，必须具有特优品质，每个榴莲果至少应带有4个饱满的子房室，尖刺发育良好，顶端无分杈，外观饱满圆润，没有磕伤碰伤。

一级果，具有良好品质，尖端发育良好，顶端无分杈，外形有轻微缺陷，至少应带有3个饱满的子房室，不能有虫眼和碰伤。

二级果，应带有2个饱满的子房室，常用于制作榴莲糖等。

三、包装方法

国内售卖的榴莲多数都是进口食品，通常以整颗或者冷冻果肉形式上架。因为气味、处理难度、运输、存储等多重原因，通用的做法是直接鲜切并冷冻榴莲肉，以此降低气味、方便即食、减轻运输成本。但鲜切果肉会破坏组织和细胞完整性，加速呼吸速率、乙烯合成、酶促褐变；冷冻果肉虽然可以延长货架期，但破坏了酶，导致颜色改变、口感劣化、营养价值流失；受损的植物组织也为微生物生长提供了营养培养基。而气调包装可以根据榴莲果肉的腐败特点调整到适合它的气体混合比例，这种包装方式可以减少运输途中产生的损失，还可以保持榴莲更好的口感。

第八节　挑选技术

看形状：榴莲挑稍微裂开一点能看到里面的果肉软软糯糯的。果形较丰满的榴莲，外壳比较薄些，果肉的瓣也会多些。那种长圆形的，一般外壳较厚，果肉较薄。自然开裂，说明榴莲足够成熟。

听声音：将榴莲果实轻摇几下，有声音代表榴莲可以吃了。

看颜色：选择颜色偏黄的。黄色的通常比较熟，壳以黄中带绿为好，绿色的一般成熟度不够。

看大小：榴莲个头大的，水分足够且味甜。一般一个成熟的榴莲重1.5 ～ 1.7 kg。同样大小的榴莲，轻的榴莲核小，重的榴莲核大。

闻气味：好的榴莲气味浓烈，香味扑鼻。

看果柄：果柄粗壮而且新鲜，则是营养充足又新鲜的榴莲。

第九节　储藏方法

榴莲是呼吸跃变型水果，果皮的生理活性比果肉（假种皮）要大得多，也很容易发生生理病害，并影响到果肉品质。其生长环境的温湿度都极高，侵染性病害，尤其是疫霉菌侵害十分严重。只有用最适宜的温度、湿度、乙烯浓度、通风条件进行催熟，才能保证果实按期达到销售成熟度，并使生理病害和侵染性病害控制到最低水平。传统方法是包装前进行乙烯利涂抹果把处理，期望榴莲在运输过程中后熟，到达批发和零售市场时恰好达到销售成熟度（果皮转为黄褐色、有气味释放、但未开裂）。有时市场果实太多或气候原因造成销路不畅，积压的榴莲会过熟开裂，甚至腐烂；而有时果实太绿，在销售需求迫切的市场上，又难以获得高价。

近年来，泰国、马来西亚等地流行采用冷库速冻对榴莲进行保存。速冻保存可以保证榴莲果肉在自然成熟状态下剥离，不用任何添加剂，健康安全，而且从冷库拿出来的榴莲果肉稍稍解冻，闻起来味道不重，有冰激凌的口感。榴莲采摘后，必须在8 h内进行快速冷冻处理，一般情况下，榴莲落地后3 h左右就存入−60℃的低温冷库进行速冻，快速冷冻1 h后进入−22 ～ −18℃冷库保存，这样榴莲的香甜浓郁口感才能得到充分保留。把榴莲果肉直接取出进行真空包装冷冻，也是很好的储存方法，只不过该项技术更复杂些。

第十节　主要病虫害防控

一、主要病害及防控

榴莲病害目前没有一个较为系统的记载，已经报道的病害有炭疽病、疫病、藻斑病和煤烟病等，其中危害较为严重的有藻斑病和煤烟病。国外报道疫病是榴莲的主要病害之一，危害果实能造成30%以上的果实腐烂。

（一）榴莲疫病

1.症状

该病是榴莲生产上危害严重的病害，能够侵染榴莲的根、茎、叶、花、果实等各个部位，在气候潮湿的条件下发病更为严重。

（1）根部和茎部症状　危害根部和茎部的疫病也称为根茎腐烂病。主要发病部位在榴莲靠近土面的茎基部和根部。发病时病部生出暗褐色斑点，并逐渐扩大成棕褐色，病茎和病根变黑并大量腐烂。严重发病时造成整个植株萎蔫，在潮湿环境条件下，病部产生白色棉絮状的霉层，即为病原菌的菌丝体、孢囊梗和孢子囊。

（2）叶片和花症状　危害叶片和花的疫病也称为叶疫病或花疫病。多发生在榴莲下层隐蔽潮湿的叶片和花瓣上，发病部位出现暗绿色或红棕色的水渍状圆形、半圆形、椭圆形或不规则形病斑，病健交界处也呈水渍状，潮湿时病部产生白色棉絮状的霉层（图1-81 A）。当发病部位在叶柄时，叶柄会变成暗绿色水渍状病斑，病叶干枯脱落。

（3）果实症状　榴莲疫病主要危害近成熟或成熟的果实。发病果实表皮产生不规则的浅褐色至褐色斑点，病斑处果皮变软，腐烂凹陷。随着病害的进一步扩展，病斑呈褐色至暗褐色（图1-81 B）。后期病果表面长出白色棉絮状的霉层，剖开发病处果皮，果肉呈深黄色，散发出酒精气味。

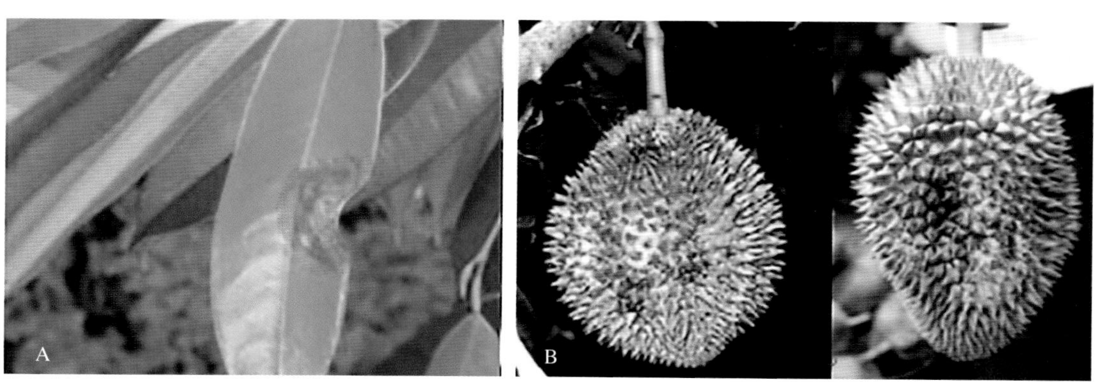

图1-81　榴莲疫病危害叶片和果实
A.叶片　B.果实
（引自：André Drenth，2004；Emer O'Gara，2004）

2.病原

该病的病原为卵菌门、卵菌纲、霜霉目、疫霉属的棕榈疫霉（*Phytophthora palmivora*）。病菌在10％ V8培养基上的菌落平展，边缘较整齐，气生菌丝较发达（图1-82 A）；孢囊梗分化明显，孢囊梗和菌丝上有时局部膨大，呈纺锤形或形成珊瑚状菌

丝，典型的孢子囊为梨形或卵形，具明显乳突，孢子囊易脱落，具短柄（图1-82 B）。孢子囊可直接萌发或间接萌发。厚垣孢子球形，顶生或间生（图1-82 C）。

3. 发病规律

病菌以菌丝体、孢子囊和厚垣孢子在田间病株、病株残体或土壤中存活，在阴雨、潮湿的季节，病原菌的菌丝产生孢子囊，土壤中的厚垣孢子萌发产生菌丝和孢子囊，孢子囊脱落后释放游动孢子，游动孢子随风雨或流水传播，孢子囊也可以萌发直接侵入或利用伤口侵入植物组织内。采摘的果实在储藏时，如湿度过高则易引起果实发病。病害一般在高湿阴凉的气候条件发生严重；种植过密、果园隐蔽潮湿时发生严重。

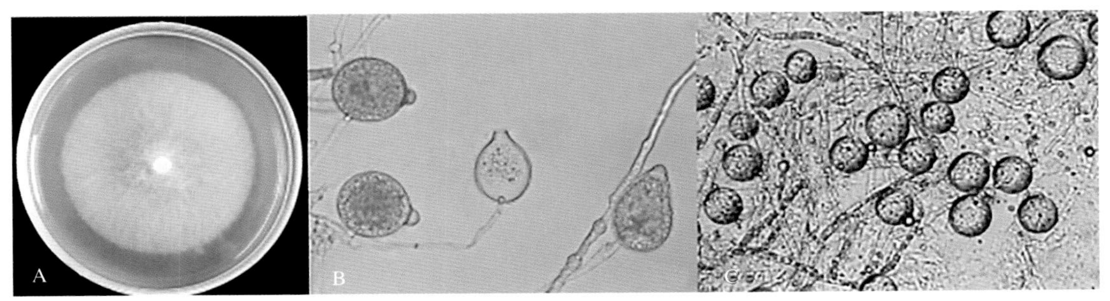

图1-82　棕榈疫霉的菌落、孢子囊和厚垣孢子（谢昌平　摄）
A.10% V8培养基上的菌落　B.孢子囊　C.厚垣孢子

4. 防控措施

①加强栽培管理。合理施肥，增施有机肥和磷钾肥，防止偏施氮肥，提高植株的抗病性；合理密植，使果园通风透光，降低果园的湿度；雨季田间要注意排水，避免果园积水。

②药剂防控。雨季或发病初期，可喷施50%瑞毒霉锌可湿性粉剂1 500倍液、25%甲霜·霜霉威可湿性粉剂1 000倍液、15%氟吗·精甲霜可湿性粉剂800倍液、68%精甲霜·锰锌可湿性粉剂1 000倍液或40%三乙膦酸铝可湿性粉剂200倍液。茎部发病应先清除病斑腐烂的组织，然后再用上述药剂涂抹病斑上。根部发病可用40%三乙膦酸铝可湿性粉剂100倍液进行淋灌。

（二）榴莲炭疽病

1. 症状

该病主要危害榴莲叶片，嫩叶受害较严重，尤其是幼苗、未结果和初结果的幼龄树发病较严重。

叶片病斑多从叶尖或叶缘开始，个别从叶内发生。成熟叶片发病初在病部产生浅褐色小病斑，随着病斑的进一步扩大，病斑边缘变为深褐色，中央呈灰褐色至灰色。病斑上产生黑色小点，即为病原菌的分生孢子盘（图1-83 A）。嫩叶多在未转绿或浅绿色时从边缘开始发病，初期呈针头状褐色斑点，逐渐变为黄褐色的椭圆形或不规则的凹陷病斑，病斑边缘往往有浅黄色的晕。后期呈黑褐色，叶背病部生深黑色小粒点。在天气潮湿的环境条件下，病斑上产生橘红色的孢子堆。发病严重时，病叶向内纵卷，嫩叶易脱落（图1-83 B）。

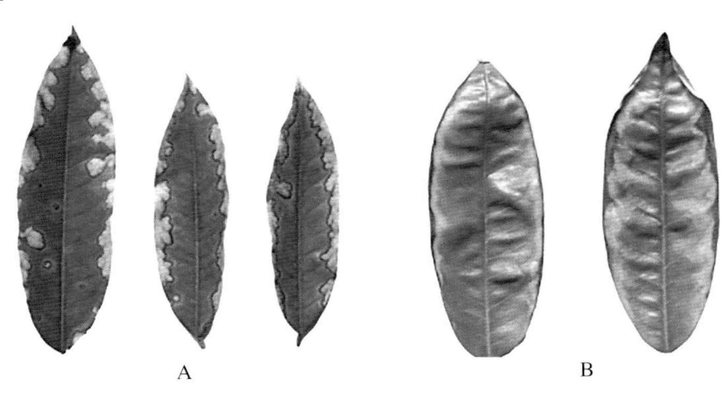

图1-83　榴莲炭疽病症状（谢昌平　摄）
A.成熟叶片　B.未成熟叶片

2.病原

该病的病原为半知菌类、腔孢纲、黑盘孢目、炭疽菌属的胶孢炭疽菌复合种（*Colletotrichum gloeosporiodes* species complex）。病菌在PDA培养基上的菌落为灰白色至灰绿色，绒毛状，反面深灰绿色（图1-84 A）。分生孢子盘生于寄主表皮下，盘状或垫状，有时有褐色刚毛。分生孢子梗常无色，分生孢子长椭圆形，单胞，无色，大小为（12.7 ~ 19.5）μm×（4.5 ~ 5.5）μm。有1 ~ 2个油球。附着胞褐色，边缘整齐或裂瓣状（图1-84 B）。

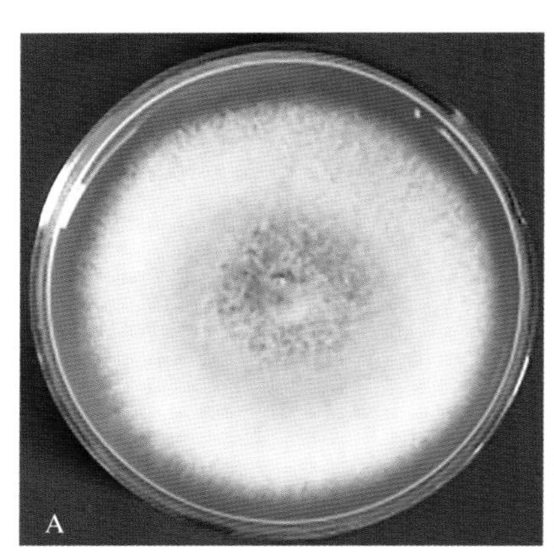

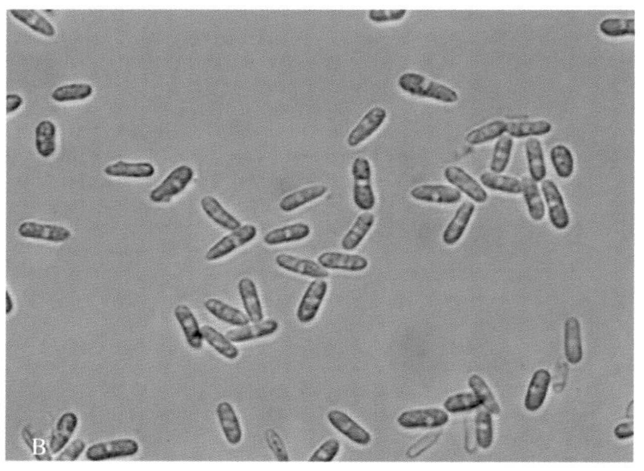

图1-84　榴莲炭疽病病菌在PDA培养基上的菌落和分生孢子（谢昌平　摄）
A.PDA培养基上的菌落　B.分生孢子

3.发病规律

病菌以菌丝体和分生孢子盘在树上和落在地面的病叶上越冬。翌年春天在适宜的气候条件下，分生孢子借助风雨和昆虫等传播到幼嫩的组织上，萌发产生附着胞和侵入丝，从寄主伤口或直接穿透寄主表皮侵入寄主；在天气潮湿时，病斑上又产生大量的分生孢子，继续辗转传播，使病害不断地扩大、蔓延。该病害在高温、高湿环境易发生，阴雨多的月份发病较重；种植密度大、老残叶多、通风透光条件差，也易造成病害的发生。此外，植株幼嫩的苗地发病较严重。

4.防控措施

①搞好田间卫生，减少初始菌量。发病初期及时剪除病叶、枯枝落叶，并集中烧毁。

②加强栽培管理，施足有机肥，增施磷钾肥。切勿偏施氮肥，使植株生长健壮，提高作物的抗病性。搞好田间排水系统，雨季注意排水。

③药剂防治。发病初期，可选用50%多菌灵可湿性粉剂500 ~ 600倍液；或75%百菌清可湿性粉剂500 ~ 800倍液；或50%苯莱特可湿性粉剂1 000倍液；或10%苯醚甲环唑水分散粒剂1 000 ~ 1 500倍液；或80%代森锰锌可湿性粉剂600 ~ 800倍液；或25%施保克乳油750 ~ 1 000倍液；或25%嘧菌酯悬浮剂600 ~ 1 000倍液；或65%代森锰锌可湿性粉剂600 ~ 800倍液等。间隔7 ~ 10 d喷1次。

（三）榴莲藻斑病

该病是榴莲常发性病害，尤以海南发生最为普遍。主要危害榴莲叶片，引起藻斑。

1.症状

该病发生常见于榴莲树冠的中下部叶片。发病初期叶片产生褪绿色近圆形透明斑点，然后逐渐向四周扩散，在病斑上产生橙黄色的绒毛状物。后期病斑中央变灰白色，周围变红褐色，严重影响叶片的光合作用。病斑在叶片的分布往往是主脉两侧多于叶缘（图1-85）。

2.病原

该病的病原为绿藻门、头孢藻属的绿色头孢藻（*Cephaleuros virsens*）。在叶片形成的橙黄色的绒毛状物包括孢囊梗和孢子囊。孢囊梗黄褐色，粗壮，具有分隔，顶端膨大成球形或半球形，其上着生弯曲或直的浅色的8 ~ 12个孢囊小梗，梗长274 ~ 452 μm。每个孢囊小梗的顶端产生一个近球形的黄色孢子囊，大小为（14.5 ~ 20.3）μm×（16 ~ 23.5）μm。成熟后孢子囊脱落，遇水萌发释放出2 ~ 4根鞭毛的无色薄壁的椭圆形游动孢子。

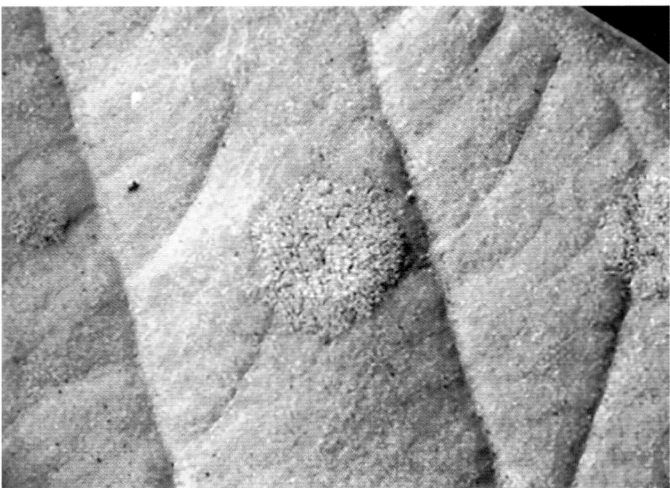

图1-85　榴莲藻斑病症状（周兆禧　摄）

3. 发病规律

病原以丝状营养体和孢子囊在病枝叶和落叶上越冬。在春季温度和湿度环境条件适宜时，营养体产生孢囊梗和孢子囊，成熟的孢子囊或越冬的孢子囊遇水萌发释放出大量游动孢子，借助风雨进行传播，萌发芽管从榴莲叶片气孔侵入，形成由中心点呈辐射状的绒毛状物。病部能继续产生孢囊梗和孢子囊，进行再侵染。温暖、潮湿的气候条件有利于病害的发生。当叶片上有水膜时，有利于游动孢子从气孔侵入，同时降雨有利于游动孢子的侵染。病害初发期多在雨季开始阶段，雨季结束往往是发病高峰期。果园土壤贫瘠、杂草丛生、地势低洼、阴湿或过度郁闭、通风透光不良以及生长衰弱的老树、树冠下的老叶，均有利于发病。

4. 防治措施

①加强果园管理。合理施肥，增施有机肥，提高植株抗病性；适度修剪，增加通风透光性；搞好果园的排水系统；及时控制果园杂草。

②降低侵染来源。清除果园的病老叶或病落叶。

③药剂防治。病斑在灰绿色尚未形成游动孢子时，喷洒波尔多液或石硫合剂均具有良好防效。

（四）榴莲煤烟病

该病又称煤病、煤污病，为榴莲常发性病害。此病主要发生在叶片表面。因受害叶片光合作用受阻，故而造成树势衰弱。

1. 症状

该病主要危害榴莲叶片和果实。在叶片表面覆盖一层黑色物质，极像煤烟，故称煤烟病。受害严重时整个叶片均被菌丝体（煤烟）所覆盖，影响叶片的光合作用（图1-86）。

图1-86 榴莲煤烟病症状
（周兆禧 摄）

2. 病原

该病的病原主要是子囊菌类、腔菌纲的煤炱属（*Capnodium*）。病菌在PDA培养基上的菌落灰褐色至黑褐色，边缘整齐（图1-87 A）。菌丝体暗褐色，着生于寄主表面，分隔，细胞短椭圆形或圆形（图1-87 B）。子囊座球形或扁球形，表面生刚毛，有孔口，直径110 ~ 150 μm（图1-87 C）。子囊长卵形或棍棒形，大小为（60 ~ 80）μm×（12 ~ 20）μm，内含8个子囊孢子；子囊孢子长椭圆形，褐色，有纵横隔膜，砖隔状，有3 ~ 4个横隔膜，大小为（20 ~ 25）μm×（6 ~ 8）μm（图1-87 D）。分生孢子产生于圆筒形至棍棒形的分生孢子器内（图1-87 E）。

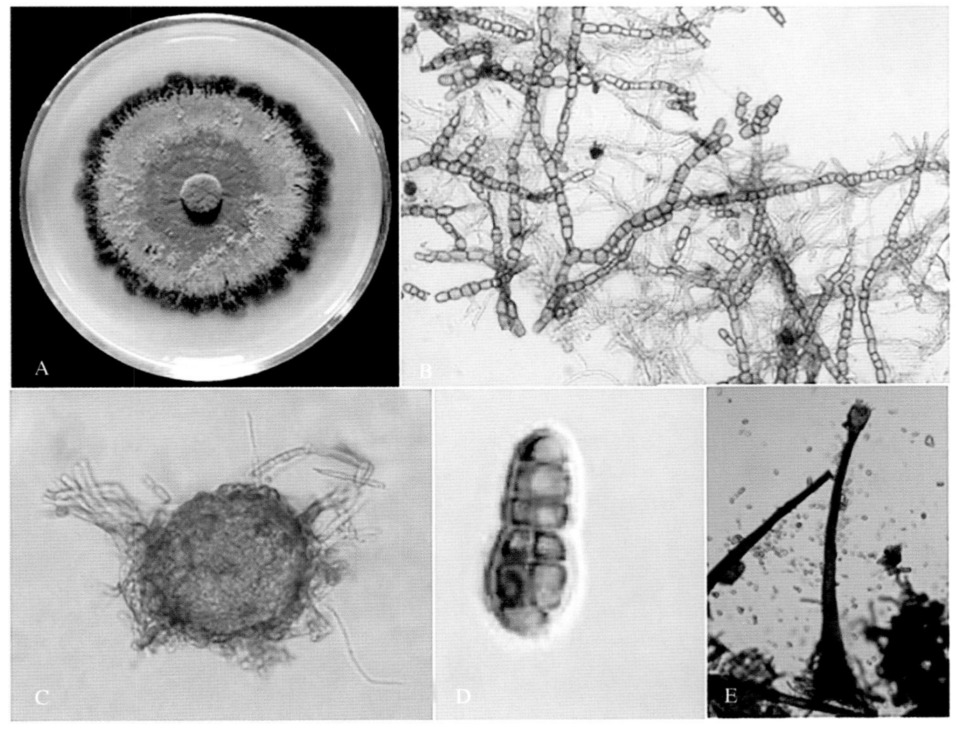

图1-87 榴莲煤烟病菌的形态（谢昌平 摄）
A.PDA培养基上的菌落 B.菌丝 C.子囊座 D.子囊孢子 E.分生孢子器

3.发病规律

病菌以菌丝体、有性态的子囊座或无性态的分生孢子器在病叶上越冬。翌年环境条件适宜时，菌丝直接在受害部位生长，有性态的子囊座产生子囊孢子或分生孢子器产生分生孢子，经雨水溅射或昆虫活动进行传播。当枝、叶的表面有介壳虫等半翅目害虫的分泌物时，病菌即可在上面生长发育。菌丝体、子囊孢子和分生孢子借风雨、昆虫传播，进行重复侵染。病菌主要依靠介壳虫等分泌的“蜜露”为营养，因此分泌物越多病害越严重。病菌具有好湿性，因此种植过密、荫蔽也容易引发病害。

4.防控措施

①农业防治。加强果园的管理，合理修剪，使果园通风透光，可减少介壳虫等害虫的危害。

②喷药防虫。由于多数病原菌以介壳虫等分泌的蜜露为营养，因此防治介壳虫等害虫是防治该病害的重要措施。

③喷药防菌。在发病初期，喷0.5%石灰半量式波尔多液或0.3波美度石硫合剂；发病后可选用75%百菌清可湿性粉剂800 ~ 1 000倍液、75%多菌灵可湿性粉剂500 ~ 800倍液或40%灭病威可湿性粉剂600 ~ 800倍液等药剂，以减少煤烟病菌的生长。

二、主要虫害及防控

（一）桃蛀螟

1.危害概况

桃蛀螟(*Conogethes punctiferalis*)又称桃斑螟、桃蛀心虫或桃蛀野螟，属鳞翅目草螟科。该虫以幼虫蛀果危害，导致榴莲严重减产。

2.形态特征

成虫　体长9 ~ 14 mm，翅展20 ~ 26 mm，全体橙黄色，胸部、腹部及翅上有黑色斑点。前翅散生25 ~ 30个黑斑，后翅14 ~ 15个黑斑。腹部第1节和第3 ~ 6节背面各有3个黑点。雄成虫尾端有一丛黑毛，雌成虫不明显。

卵　椭圆形，长0.6 ~ 0.7 mm。初产时乳白色，孵化前红褐色。

幼虫　老熟幼虫体长15 ~ 20 mm，体背面多为暗红色，也有淡褐、浅灰、浅灰蓝等色，腹面多为淡绿色。头暗褐色，前胸背板黑褐色。各体节具明显的黑褐色毛片，背面毛片较大。腹足趾钩为三序缺环。

蛹　长10 ~ 15 mm，淡褐色，尾端有臀刺6根，外被灰白色薄茧。

3.发生规律

该虫1年发生4 ~ 5代，以老熟幼虫在农作物穗秆内以及果树粗皮裂缝、堆果场等处越冬。越冬幼虫于翌年4月中下旬开始化蛹、羽化，5月中下旬为第1代卵孵化高峰期，世代重叠，幼虫危害至11月陆续老熟并结茧越冬。成虫昼伏夜出，有趋光性，对黑光灯趋性强，但对普通灯光趋性弱，对糖醋液也有趋性，喜食花蜜和成熟果汁。

4.防控措施

①农业防治。早春刮除主干大枝杈处的老翘皮，压低越冬幼虫数量。

②物理防治。一是安装黑光灯诱杀成虫。二是在化蛹场所诱杀，即9月上旬在榴莲的主干、主枝每隔50 cm绑草把，诱集桃蛀螟越冬幼虫集中销毁。三是用性诱剂、糖醋液诱杀成虫。

③生物防治。保护和利用其天敌，如黄眶离缘姬蜂、广大腿小蜂等。

④化学防治。成虫高峰期交替使用2.5%高效氯氟氰菊酯2 000倍液，或1%甲氨基阿维菌素苯甲酸盐2 000倍液，或1%甲氨基阿维菌素苯甲酸盐微乳剂2 000倍液+25%灭幼脲1 500倍液，喷雾防治。

（二）桑粉蚧

1.危害概况

桑粉蚧（*Maconellicoccus hirsutus*）又称木槿曼粉蚧，属半翅目粉蚧科。该虫能危害榴莲的任何部位，包括枝条、接穗、果表和树干，以若虫和雌成虫吸取汁液而使叶片变黄、枝梢枯死、果实受害，降低商品价值。

2.形态特征

雌成虫　椭圆形，体长2.7 ~ 3.6 mm，宽1.2 ~ 2.1 mm。无翅，红褐色至红色，被白薄蜡粉。触角着生于头部腹面近前缘，9节，第3节和端节几乎等长，第4节最短。单眼1对，稍突，在触角外侧。背裂2对，发达。前背裂位于前胸背板上，后背裂位于第7腹节背板上。刺孔群5对，即第5 ~ 9腹节各节均有1对。末对刺孔群各具2根锥刺、2 ~ 3根附毛，其余刺孔群均有2根锥刺、1 ~ 3根附毛。肛环圆形，位于背末，有6根长环毛。尾瓣中度发达，其腹面具硬棒，臀瓣刺长0.24 mm，为环毛长的1.8倍。足3对，发达，爪下无齿，后足胫节端部有少许透明孔。体两面具长毛。

雄成虫　体长纺锤形，口器萎缩。中胸具1对前翅，后翅退化为平衡棒。2对单眼，触角10节。体末有1对发达的生殖鞘。

卵　长椭圆形，块状，粉红色，（3.2 ~ 3.4）mm×（1.4 ~ 1.7）mm，表面被白色絮状物。

3. 发生规律

桑粉蚧1年发生3 ~ 4代，世代重叠，以受精雌成虫和若虫越冬，4 ~ 11月均有发生。4月上中旬成虫开始产卵，4月下旬至5月上中旬第1代若虫开始孵化，以5 ~ 6月、8 ~ 10月最为严重。雌虫和若虫在枝梢和叶背吸取营养，引起植物长势衰退，生长缓慢，叶片变黄，嫩枝干枯，并诱发煤烟病，严重时整株叶落光。

4. 防控措施

①农业防治。加强果园管理，提高果树抗虫害能力。结合整形修剪，把带虫的枝条集中烧毁，以减少虫口数量。

②生物防治。保护利用自然天敌。如瓢虫是其主要捕食性天敌，则通过提供瓢虫庇护场所，或人工助迁释放澳洲瓢虫、大红瓢虫和黑缘红瓢虫等，可有效防治桑粉蚧。

③物理防治。首先及时采取拔株、剪枝、刮树皮或刷除等措施；其次采用枝干涂粘虫胶或其他阻隔方法，可阻止桑粉蚧扩散，消灭绝大部分若虫。

④化学防治。发生危害时用44%多虫清乳油1 000 ~ 1 500倍液或10%吡虫啉可湿粉1 000 ~ 1 500倍液喷雾。

（三）榴莲木虱

1. 危害概况

榴莲木虱（*Allocaridara malayensis*）属半翅目木虱科。成虫、若虫都在榴莲的嫩叶及新梢刺吸汁液危害，造成新梢生长缓慢、变形。该虫是榴莲生长期重要害虫。

2. 形态特征

成虫　体长5 mm，绿色带有褐色。

若虫　孵化时长约1 mm、末龄可达3 mm。体外覆有蜡粉，尾部有白色蜡丝（图1-88、图1-89）。

3. 发生规律

成虫将卵产在叶片或新梢组织中，每8 ~ 14粒为一串，致使产卵部位变黄或变褐色。成虫寿命长达6个月，不活跃，不善飞翔。每年6 ~ 11月密度较高。

4. 防控措施

①农业防治。统一榴莲品种，使之抽芽整齐；加强树冠管理，摘除零星嫩梢。

②化学防治。每次抽芽1 ~ 4 cm发生木虱时，可用2.5%高效氯氟氰菊酯2 000倍液等喷雾。

图1-88 榴莲木虱危害状（周兆禧 摄）

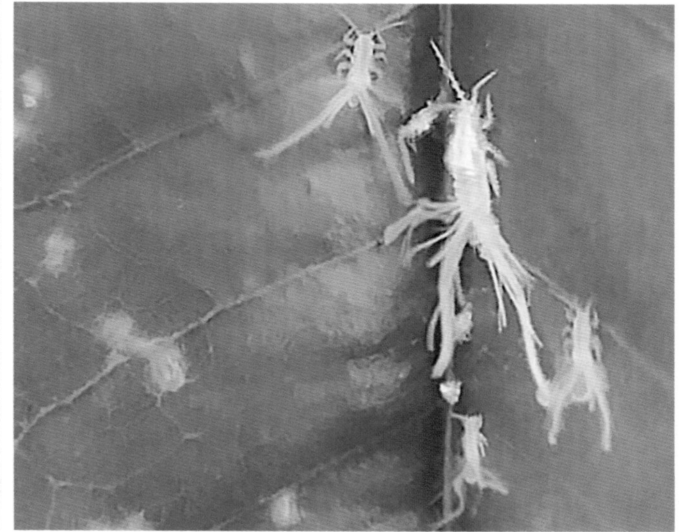

图1-89 榴莲木虱若虫（周兆禧 摄）

（四）白痣姹刺蛾

1.危害概况

白痣姹刺蛾（*Chalcocelis albiguttatus*）属鳞翅目刺蛾科。该虫以幼虫咬食榴莲叶片危害。

2.形态特征

成虫 雌雄异色。雄蛾灰褐色，体长9 ~ 11 mm，翅展23 ~ 29 mm。触角灰黄色，基部羽毛状，端部丝状。下唇须黄褐色，弯曲向上。雌蛾黄白色，体长10 ~ 13 mm，翅展30 ~ 34 mm，触角丝状。

卵 椭圆形，片状，蜡黄色，半透明，长1.5 ~ 2.0 mm。

幼虫 1 ~ 3龄幼虫黄白色或蜡黄色，前后两端黄褐色，体背中央有1对黄褐色的斑。4 ~ 5龄幼虫淡蓝色，无斑纹。老龄幼虫体长椭圆形，前宽后狭，体长15 ~ 20 mm、宽8 ~ 10 mm，体上覆有一层微透明的蜡状物。

蛹 茧白色，椭圆形，长8 ~ 11 mm，宽7 ~ 9 mm。蛹粗短，栗褐色，触角长于前足，后足和翅端伸达腹部第7节。

3.发生规律

白痣姹刺蛾1年发生4代，以蛹越冬，翌年3月底4月初出现危害。成虫多数在19 ~ 20时羽化，次日晚间交尾，第3天晚间产卵。卵单产于叶面或叶背，以叶背为多。第一代卵期4 ~ 8 d，幼虫期53 ~ 57 d；第2 ~ 3代卵期4 d，幼虫期28 ~ 35 d；第4代卵期5 d，幼虫期60 ~ 65 d。第1 ~ 3代蛹期15 ~ 27 d，越冬代蛹期90 ~ 150 d。成虫有趋光性，寿命3 ~ 6 d。

4. 防控措施

①农业防治。及时摘除幼虫群集的叶片；成虫羽化前摘除虫茧，消灭其中幼虫或蛹；结合整枝、修剪、除草、冬季清园、松土等，清除枝干上和杂草中的越冬虫体，破坏地下的蛹茧，以减少下代的虫源。

②物理防治。利用成虫有趋光性的特点，在6 ~ 8月盛发期设诱虫灯诱杀成虫。

③生物防治。可用每克含孢子100亿的白僵菌粉0.5 ~ 1 kg在叶片潮湿条件下防治1 ~ 2龄幼虫。

④化学防治。幼虫发生期是防治适期，药剂有50%辛硫磷乳油1 400倍液、10%天王星乳油5 000倍液等。

（五）天牛

1. 危害概况

天牛雌虫咀嚼榴莲树皮形成一个小凹陷，并在树皮下产卵。卵孵化后，幼虫最初在树皮下进食，然后以韧皮部组织为食，最后蛀入树干中取食、化蛹（图1-90、图1-91）。天牛危害会导致树势衰弱，严重时树干中空，植株枯死。

图1-90　天牛幼虫钻蛀外观（周兆禧　摄）

图1-91　天牛幼虫（周兆禧　摄）

2.防控措施

①物理防治。利用成虫的趋光性，利用杀虫灯诱杀成虫。

②农业防治。成虫活动盛期，多次巡视人工捕杀成虫；发现树干有产卵刻槽和少量新鲜木屑时，用刀刮除树皮下的卵粒和初孵幼虫。

③化学防治。可采用啶虫脒、吡虫啉等药剂防治。啶虫脒和吡虫啉针剂的用量为每厘米胸径注射0.8 ~ 1 mL；2%噻虫啉微囊悬浮剂900 ~ 1 000倍液喷雾，有效期长达90 d。

本章参考文献

高婷婷，刘玉平，孙宝国，2014. SPME-GC-MS 分析榴莲果肉中的挥发性成分 [J]. 精细化工，31(10): 1229-1234.

毛海涛，林兴娥，丁哲利，等，2020. 9个榴莲品种主要果实性状的比较分析 [J]. 浙江农业科学，61(11): 2360-2365.

青莲，2005. 榴莲品种介绍 [J]. 世界热带农业信息 (10): 24-27.

张博，李书倩，辛广，等，2012. 金枕榴莲果实各部位挥发性物质成分 GC/MS 分析 [J]. 食品研究与开发，33(1): 130-134.

张艳玲，朱连勤，杨欣欣，等，2015. 榴莲皮营养组分的检测与评价 [J]. 黑龙江畜牧兽医 (4): 138-140.

AMID B T, MIRHOSSEINI H, 2012 a. Influence of different purification and drying methods on rheological properties and viscoelastic behaviour of durian seed gum [J]. Carbohydrate Polymers, 90(1): 452-461.

AMID B T, MIRHOSSEINI H, 2012 b. Optimisation of aqueous extraction of gum from durian (*Durio zibethinus*) seed: a potential, low cost source of hydrocolloid [J]. Food Chemistry, 132(3): 1258-1268.

AMIN A M, AHMAD A S, YIN Y Y, et al, 2007. Extraction, purification and characterization of durian (*Durio zibethinus*) seed gum[J]. Food Hydrocolloids, 21(2): 273-279.

ANSARI R M, 2016. Potential use of durian fruit (*Durio zibethinus* Linn.) as an adjunct to treat infertility in polycystic ovarian syndrome [J]. Journal of Integrative Medicine, 14(1): 22-28.

ARANCIBIA-AVILA P, TOLEDO F, PARK Y S, et al, 2008. Antioxidant properties of durian fruit as influenced by ripening[J]. Lebensmittel-Wissenschaft Und-Technologie-Food Science and Technology, 41(10): 2118-2125.

ASHRAF M A, MAAH M J, YUSOFF I, 2011. Estimation of antioxidant phytochemicals in four different varieties of durian (*Durio zibethinus* Murray) fruit[C]. Singapore: 2011 International Conference on Bioscience, Biochemistry and Bioinformatics.

BELGIS M, WIJAYA C H, APRIYANTONO A, et al, 2016. Physicochemical differences and sensory profiling of six lai (*Durio kutejensis*) and four durian (*Durio zibethinus*) cultivars indigenous Indonesia[J]. International Food Research Journal, 23(4): 1466-1473.

BROWN M J, 1997. *Durio*: a bibliographic review [M]. New Delhi: International Plant Genetic Resources Institute (IPGRI).

BUMRUNGSRI S, SRIPAORAYA E, CHONGSIRI T, et al, 2009. The pollination ecology of durian (*Durio zibethinus*, Bombacaceae) in southern Thailand[J]. Journal of Tropical Ecology, 25: 85-92.

CHAITRAKULSUB T, SUBHADRABANDHU S, POWSUNG T, et al, 1992. Effect of paclobutrazol on vegetative growth, flowering, fruit set, fruit drop, fruit quality and yield of lychee cv. Hong Huay[J]. Acta Horticulturae, 321: 291-299.

CHINGSUWANROTE P, MUANGNOI C, PARENGAM K, et al, 2016. Antioxidant and anti-inflammatory activities of durian and rambutan pulp extract[J]. Food Research International, 23: 939-947.

DEMBITSKY V M, POOVARODOM S, LEONTOWICZ H, et al, 2011. The multiple nutrition properties of some exotic fruits: Biological activity and active metabolites. Food Research International, 44(7): 1671-1701.

GORINSTEIN S, POOVARODOM S, LEONTOWICZ H, et al, 2011. Antioxidant properties and bioactive constituents of some rare exotic Thai fruits comparison with conventional fruits in vitro and in vivo studies[J]. Food Research International, 44: 2222-2232.

HARIYONO D, ASHARI S, SULISTYONO R, et al, 2013. The study of climate and its influence on the flowering period and the plant's age on harvest time of durian plantation (*Durio zibethinus* Murr.) on different levels of altitude area[J]. Journal of Agriculture and Food Technology, 3(4): 7-12.

HARUENKIT R, POOVARODOM S, VEARASILP S, et al, 2010. Comparison of bioactive compounds, antioxidant and anti-proliferative activities of Mon Thong durian during ripening[J]. Food Chemistry, 118(3): 540-547.

HIRANPRADIT H, JANTRAJOO S, LEE-UNGULASATIAN N, et al, 1992. Group characterization of Thai durian, *Durio zibethinus* Murr[J]. Acta Horticulturae, 321: 263-269.

HOE T K, PALANIAPPAN S, 2013. Performance of a durian germplasm collection in a Peninsular Malaysian fruit orchard. Acta Horticulturae, 975: 127-137.

HOKPUTSA S, GERDDIT W, PONGSAMART S, et al, 2004. Water-soluble polysaccharides with pharmaceutical importance from Durian rinds (*Durio zibethinus* Murr.): isolation, fractionation, characterisation and bioactivity [J]. Carbohydrate Polymers, 56(4): 471-481.

HONSHO C, YONEMORI K, SUGIURA A, et al, 2004. Durian floral differentiation and flowering habit[J]. Journal of the American Society for Horticultural Science, 129: 42-45.

HONSHO C, SOMSRI S, TETSUMURA T, et al, 2007. Characterization of male reproductive organs in durian; anther dehiscence and pollen longevity[J]. Journal of The Japanese Society for Horticultural Science, 76: 120-124.

HUSIN N A, RAHMAN S, KARUNAKARAN R, et al, 2018. A review on the nutritional, medicinal, molecular and genome attributes of Durian (*Durio zibethinus* L.), the King of fruits in Malaysia[J]. Bioinformation, 14: 265-270.

IDRIS S, 2011. *Durio* of Malaysia [M]. 1 st ed. Kuala Lumpur : Malaysian Agricultural Research and Development Institute (MARDI).

ISABELLE M, LEE B L, LIM M T, et al, 2010. Antioxidant activity and profiles of common fruits in Singapore[J]. Food Chemistry, 123: 77-84.

JANTEE C, VORAKULDUMRONGCHAI S, SRITHONGKHUM A, et al, 2017. Development of technologies to extend the durian production period[J]. Acta Horticulturae, 1186: 115-120.

JAYAKUMAR R, KANTHIMATHI M S, 2011. Inhibitory effects of fruit extracts on nitric oxide-induced proliferation in MCF-7 cells[J]. Food Chemistry, 126: 956-960.

JOHNSON R S, HANDLEY D F, DEJONG T M, 1992. Long term response of early maturing peach trees to postharvest water deficits[J]. Journal of the American Society for Horticultural Science, 117: 881-886.

JUTAMANEE K, SIRISUNTORNLAK N, 2017. Pollination and fruit set in durian 'Monthong' at various times and with various methods of pollination[J]. Acta Horticulturae, 1186: 121-126.

KETSA S, PANGKOOL S, PANGKOOL, 1994. The effect of humidity on ripening of durians[J]. Postharvest Biology Technology, 4: 159-165.

KOKSUNGNOEN O, SIRIPHANICH J, 2008. Anatomical changes during fruit development of durian cvs. Kradum and Monthong[J]. Agricultural Sciences in China, 39: 35-44.

KOTHAGODA N, RAO A N, 2011. Anatomy of the durian fruit - *Durio zibethinus*[J]. Journal of tropical medicinal plants, 12: 247-253.

LEONTOWICZ H, LEONTOWICZ M, HARUENKIT R, et al, 2008. Durian (*Durio zibethinus* Murr.) cultivars as nutritional supplementation to rat's diets[J]. Food and Chemistry Toxicology, 46: 581-589.

LIM T K, LUDERS L, 1998. Durian flowering, pollination and incompatibility studies[J]. Annals of Applied Biology, 132: 151-165.

LIU Y, FENG S, SONG L, et al, 2013. Secondary metabolites in durian seeds: oligomeric proanthocyanidins[J]. Molecules, 18(11): 14172-14185.

LO K H, CHEN Z, CHANG T L, 2007. Pollen-tube growth behaviour in 'Chanee' and 'Monthong' durians (*Durio zibethinus* L.) after selfing and reciprocal crossing[J]. The Journal of Horticultural Science and Biotechnology, 82(6): 824-828.

LU P, CHACKO E K, 2000. Effect of water stress on mango flowering in low attitude tropics of northern Australia[J]. Acta Hortic, 509: 283-290.

MASRI M, 1991. Root distribution of durian, *Durio zibethinus* Murr. cv D24[J]. MARDI Research Journal, 19(2): 183-189.

MASRI M, 1999. Flowering, fruit set and fruitlet drop of durian (*Durio zibethinus* Murr.) under different soil moisture regimes[J]. Journal of Tropical Agriculture and Food Science, 27(1): 9-16.

MENZEL C M, SIMPSON D R, 1992. Growth, flowering and yield of lychee cultivars[J]. Scientia Horticulturae, 42: 243-254.

MIRHOSSEINI H, AMID B T, CHEONG K W, 2013. Effect of different drying methods on chemical and molecular structure of heteropolysaccharide-protein gum from durian seed [J]. Food Hydrocolloids, 31(2): 210-219.

MUHTADI, PRIMARIANTI A U, SUJONO T A, 2015. Antidiabetic activity of durian (*Durio zibethinus* Murr.) and rambutan (*Nephelium lappaceum* L.) fruit peels in Alloxan diabetic rats[J]. Procedia Food Science, 3: 255-261.

NAYIK G A, GULL A, 2020. Antioxidants in Fruits: Properties and Health Benefits[M]. Heidelberg: Springer Singapore.

NIKOMTAT J, PINNAK P, LAPMAK K, et al, 2017. Inhibition of herpes simplex virus type 2 in vitro by durian (*Durio zibethinus* Murray) seed coat crude extracts. Applied Mechanics and Materials, 855: 60-64.

NÚÑEZ-ELISEA R, DAVENPORT T L, 1994. Flowering of mango trees in containers as influenced by seasonal temperature and water stress. Scientia Horticulturae, 58(12): 57-66.

PAŚKO P, TYSZKA -CZOCHARA M, TROJAN S, et al, 2019. Glycolytic genes expression, proapoptotic potential in relation to the total content of bioactive compounds in durian fruits[J]. Food Research International, 125: 1-11.

PHADUNG, KRISANAPOOK T K, PHAVAPHUTANON L, 2011. Paclobutrazol, water stress and nitrogen induced flowering in 'Khao Nam Phueng' pummelo[J]. Kasetsart Journal (Natural Science), 45: 189-200.

POERWANTO R, EFENDI D, WIDODO W D, et al, 2008. Off-season production of tropical fruits[J]. Acta Horticulturae, 772: 127-133.

POLPRASID P, 1960. Durian flowers[J]. Kasikorn, 33(2): 37-45.

POLPRASID P, 1961. An examination of roots of durian grown from seeds, inarches and marcots[J]. Kasikorn, 34(2): 125-130.

PONGSAMART S, PANMAUNG T, 1998. Isolation of polysaccharides from fruit-hulls of durian (*Durio zibethinus* L.) [J]. Songklanakarin Journal of Science and Technology, 20(3): 323-332.

RUSHIDAH W Z, RAZAK S A, 2001. Effects of paclobutrazol application on flowering time, fruit maturity and quality of durian clone D24[J]. Journal of Tropical Agriculture and Food Science, 29(2): 159-165.

SALAKPETCH S, CHANDRAPARNIK S, HIRANPRADIT H, 1992. Pollen grains and pollination in durian, *Durio zibethinus* Murr[J]. Acta Horticulturae, 321: 636-640.

SANGCHOTE S, 2002. Comparison of inoculation techniques for screening durian root-stocks for resistance to *Phytophthora palmivora*[J]. Acta Horticulturae, 575: 453-455.

SANGWANANGKUL P, SIRIPHANICH J, 2000. Growth and development of durian fruit cv. Monthong[J]. Thai Journal of Agricultural Science, 33: 75-82.

SOMSRI S, 1987. Studies on hand pollination of durian (*Durio zibethinus* L.) cvs. Chanee and Kanyoa by certain pollinizers[C]. Bangkok: Kasetsart University.

SUAYBAGUIO M I, ODTOJAN R C, 1992. The effect of rainfall pattern on flowering behavior of durian[J]. Philippine Journal of Crop Science, 17: 125-129.

SUBHADRABANDHU S, KAIVIPARKBUNYAY K, 1998. Effect of paclobutrazol on flowering, fruit setting and fruit quality of durian (*Durio zibethinus* Murr.) cv. Chanee[J]. Kasetsart Journal (Natural Science), 32: 73-83.

SUBHADRABANDHU S, SHODA M, 1997. Effect of time and degree of flower thinning on fruit set, fruit growth, fruit characters and yield of durian (*Durio zibethinus* Murr.) cv. Mon Thong[J]. Kasetsart Journal (Natural Science), 31: 218-223.

SUBHADRABANDHU S, KETSA S, 2001. Durian king of tropical fruit[M]. Wellington: Daphne Brasell Associates Ltd.

TERADA Y, HOSONO T, SEKI T, et al, 2014. Sulphur-containing compounds of durian activate the thermogenesis-inducing receptors TRPA1 and TRPV1[J]. Food Chemistry, 157: 213-220.

THONGKUM M, 2018. Differential expression of ethylene signal transduction and receptor genes during ripening and dehiscence of durian (*Durio zibethinus* Murr.) fruit[C]. Bangkok: Kasetsart University.

TOLEDO F, ARANCIBIA-AVILA P, PARK Y, et al, 2008. Screening of the antioxidant and nutritional properties, phenolic contents and proteins of five durian cultivars[J]. International Journal of Food Sciences and Nutrition, 59: 415-427.

TONGUMPAI P, JUTAMANEE K, SUBHADRABANDHU S, 1991. Effect of paclobutrazol on flowering of mango cv. Khiew Sawoey[J]. Acta Horticulturae, 291: 67-70.

TRI M V, TAN H V, CHUA N M, 2011. Paclobutrazol application for early fruit promotion of durian in Vietnam[J]. Tropical Agriculture and Development, 53(3): 122-126.

VAWDREY L L, MARTIN T, DE FVERI J, 2005. A detached leaf bioassay to screen durian cultivars suceptility to *Phytophthora palmivora* Austral[J]. Plant Pathology, 34: 251-253.

VOON B H, 1994. Wild durian of Sarawak and their potentials [M]. // MOHAMAD O, ZAINAL M A, SHAMSUDIN O M (eds.), Recent Developments in Durian Cultivation. Serdang: MARDI.

WISUTIAMONKUL A, AMPOMAH-DWAMENA C, ALLAN A C, 2017. Carotenoid accumulation and gene expression during durian (*Durio zibethinus*) fruit growth and ripening[J]. Scientia Horticulturae, 220: 233-242.

WISUTIAMONKUL A, Promdang S, KETSA S, 2015. Carotenoids in durian fruit pulp during growth and postharvest ripening[J]. Food Chemistry, 180: 301-305.

YAACOB O, SUBHADRABANDHU S, 1995. The Production of Economic Fruits in South-East Asia[M]. Kuala Lumpur: Oxford University Press.

YUNIASTUTI E, ANNISA B A, NANDARIYAH, et al, 2017. Approach grafting of durian seedling with variation of multiple rootstock[J]. Bulgarian Journal of Agricultural Science, 23 (2): 232-237.

第二章 红毛丹

第一节 发展现状

一、原产地及分类

红毛丹（*Nephelium lappaceum*），又名毛荔枝，为无患子科韶子属多年生常绿乔木，是著名的热带特色果树（图2-1）。红毛丹原产于马来群岛，在马来西亚、泰国、印度尼西亚、缅甸、越南、新加坡、菲律宾等东南亚国家广泛种植，美国夏威夷和澳大利亚等也有栽培，在泰国有“果王”之称。红毛丹在中国只有台湾、海南有大面积种植，在云南西双版纳、海南等地区发现有野生红毛丹近缘种。

图2-1 红毛丹

通过对3个红毛丹植物学变种，即*Nephelium lappaceum* var. *lappaceum*、*Nephelium lappaceum* var. *pallens*和*Nephelium lappaceum* var. *xanthioides*，进行鉴定评价表明：*Nephelium lappaceum* var. *lappaceum*为常见栽培类型，其叶片中部以上最宽，叶脉明显弯曲；*Nephelium lappaceum* var. *pallens*叶片中部以下最宽，叶脉中度弯曲；*Nephelium lappaceum* var. *xanthioides*叶片中部以下最宽，叶脉略微弯曲。广泛种植的水果作物如荔枝(*Litchi chinensis*)和龙眼(*Dimocarpus longan*)，以及其他小的食用

水果如pulasan (*Nephelium mutabile*)、lotong (*Nephelium cuspidatum*)、bulala (*Nephelium intermedium*)和西非荔枝果akee (*Blighia sapida*)，是红毛丹的近缘水果作物。红毛丹是中国所产的三种韶子属植物之一，另两种是韶子（*Nephelium chryseum*）与海南韶子（*Nephelium topengii*）。

二、果品进口概况

海关数据显示，2019年中国红毛丹进口量为1 867.810 t，较2018年增加28.01%；2019年中国红毛丹进口金额为2 855.950万元，较2018年增加15.99%。2020年中国红毛丹进口量达823.832 t，较2019年减少55.9%（表2-1），这主要是受新冠疫情影响。据2021年海关总署《获得我国检验检疫准入的新鲜水果种类及输出国家地区名录》显示，中国红毛丹进口国主要有马来西亚、缅甸、泰国、越南等。泰国是最大的红毛丹生产国，2020年红毛丹种植面积达10万hm^2，产量约130万t，同年中国从泰国进口红毛丹数量达756.474 t，占总红毛丹进口量的91.8%。

表2-1 红毛丹贸易情况

年份	进口量（t）	进口金额（万元）	出口量（t）	出口金额（万元）
2016	1 832.477	2 564.634	0.364	0.346
2017	1 490.602	2 290.488	2.778	2.900
2018	1 459.169	2 462.227	11.967	9.561
2019	1 867.810	2 855.950	7.731	5.978
2020	823.832	1 244.153	7.900	7.633

三、国内发展概况

中国红毛丹生产主栽品种保研系列（保研1号至保研13号），除保研2号为黄色外，其余品系果皮均为红色，其中保研7号因高产、稳产、抗旱、一年可结果2次或以上等突出的优良性状，在海南保亭种植面积最大（图2-2）。

图 2-2　海南红毛丹主栽品种结果图

第二节 功能营养

一、营养价值

红毛丹果实富含维生素、氨基酸、碳水化合物和多种矿物质等，是一种营养价值较高的美味水果。除鲜食外，还可以制作成蜜饯、果汁、果酒和冰沙等。红毛丹果实可食率31%～60.2%，每100 g红毛丹果肉含总糖210 ～ 240 mg、抗坏血酸38 ～ 70 mg、膳食纤维2.7 g、维生素C 0.63 ～ 5.5 mg。总可溶性固形物含量14%～ 22.2%，柠檬酸含量0.39%～ 1.53%。

二、药用价值

1. 风味独特

较好的糖酸平衡使得红毛丹果实具有较好的风味，含糖量低于荔枝，非常适合怕甜怕胖人群的水果选择。大马酮、甲基丁酸乙酯、呋喃酮、2-壬烯醛、壬醛、2,6-壬二烯醛、(E)-4,5-环氧基-(E)-2-癸烯醛、内酯类、香草醛、肉桂醛、愈创木酚等风味物质的综合作用，铸就了红毛丹果实诱人的风味。

2. 补血理气

红毛丹的钙、磷、硫、镁元素含量特别高，锌、铜、铁和锰等含量也很高，作为一种健康营养食品，常食大有裨益。铁是人体必需的微量元素，也是人体内含量最高的微量元素。缺铁影响人体血红蛋白的合成，造成缺铁性贫血而致人疲乏、无力、注意力不集中、失眠、食欲不振、皮肤干燥。而食用红毛丹有补血理气作用。

3. 清热解毒

红毛丹能清心泻火、清热除烦，适宜容易上火的人士食用。

4. 抗氧化

红毛丹中含有丰富的具抗氧化功能的酚类、维生素C等，可以阻止或降低人体代谢产生的、引起衰老的元凶——自由基，从而防止正常细胞被破坏。因此，常吃红毛丹有利于人体抗氧化、抗衰老。

第三节 生物学特性

一、形态特征

1.根

红毛丹的根系由主根、侧根、须根及根毛组成。主根多为直立根，一般用种子播种后主根较为发达，可扎土较深。圈枝苗没有主根。当主根生长受到抑制时，侧根生长旺盛，侧根进一步分为一级侧根、二级侧根等。侧根一般水平方向生长。主根、侧根及须根旺盛的植株，通常吸收营养的能力较强，所谓根深叶茂。

2.主干

红毛丹属于热带多年生乔木果树，树高可达8 ～ 10 m，主干明显粗大，木质纹理致密而坚实，是家具的优质木材。而商业化栽培的红毛丹虽然主干明显，但一般采用矮化密植，导致主干也相应矮化。

3.枝

红毛丹的树冠宽广，一般呈圆头形或伞形，枝分为一级主枝、二级主枝、三级枝等。主枝粗壮、分枝多而密、分枝多而均匀的树冠有利于高产。

4.叶

红毛丹的叶为偶数羽状复叶（图2-3），或由于顶生小叶发育不完全而形成奇数羽状复叶，叶连柄长15 ～ 45 cm，叶轴稍粗壮，干时有皱纹；小叶2对或3对，很少1对或4对，薄革质，椭圆形或倒卵形，长6 ～ 18 cm，宽4 ～ 7.5 cm，顶端钝或微圆，有时近短尖，基部楔形，全缘，两面无毛；侧脉7 ～ 9对，干时褐红色，仅在背面凸起，网状小脉略呈蜂巢状，干时两面可见；小叶柄长约5 mm。

图2-3 红毛丹的叶

5. 花

红毛丹的花单性或两性，无花瓣，花萼杯状。花有3种：①雄花（图2-4 A），具有雄蕊5 ~ 8枚，花绿白色，花药红色，无子房；②雌花，具有雌蕊而雄蕊退化，结果差；③两性花（图2-4 B），具有雌蕊和5枚雄蕊，柱头2裂，子房通常2室，每室1胚珠。

根据花的特性，把红毛丹植株分为3种株性：①雄株，只产生雄花；②雌性两性花株，花两性，雌蕊正常发育，雄蕊发育不良，花药不开裂；③两性花株，有些花具有雌性功能，有少量花具有雄性功能。

红毛丹的一个花序通常有500朵左右的花，花量多少与品种、树体营养及气候有关。红毛丹实生苗种植的树有雌雄同株和雌雄异株，仅开雄花（称为“公树”）的实生树一般占40% ~ 60%，嫁接苗种植的树多为雌雄同株。

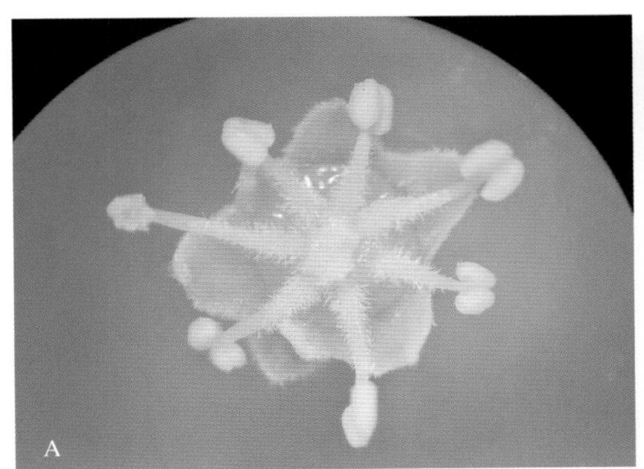

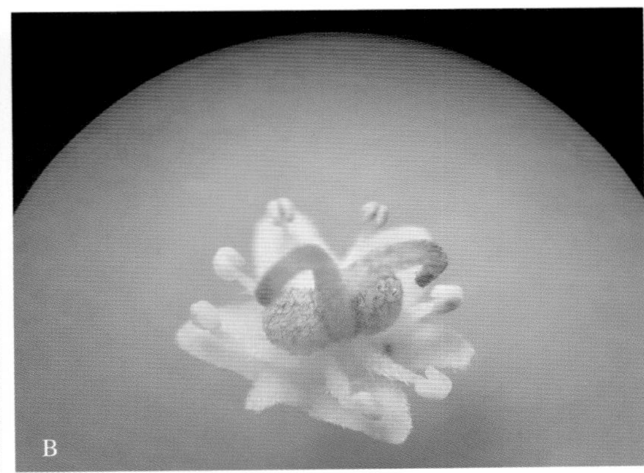

图2-4 红毛丹的雄花和两性花（崔志富 提供）
A. 雄花 B. 两性花

6. 果实

红毛丹的果实由果柄、果皮、果肉及种子等部分组成。果实的形状有球形、椭圆形、长卵形，果柄短而粗。果实颜色分为红色和黄色两种（图2-5、图2-6）；果长3.5 ~ 8.0 cm，果径2.0 ~ 3.5 cm，果形指数一般在1.00 ~ 1.79。外果皮上着生刺毛，成熟果树刺毛有红色和黄色，刺毛顶端一般呈钩状，刺毛长短稀密及果实品质因品种而异。

7. 种子

红毛丹每个果实含种子1枚。种子长卵形，长约2.5 cm，宽约1 cm，子叶2片、白色，较为厚实。不同品种红毛丹的种子大小各异（图2-7）。

图2-5 红果类红毛丹

图2-6 黄果类红毛丹

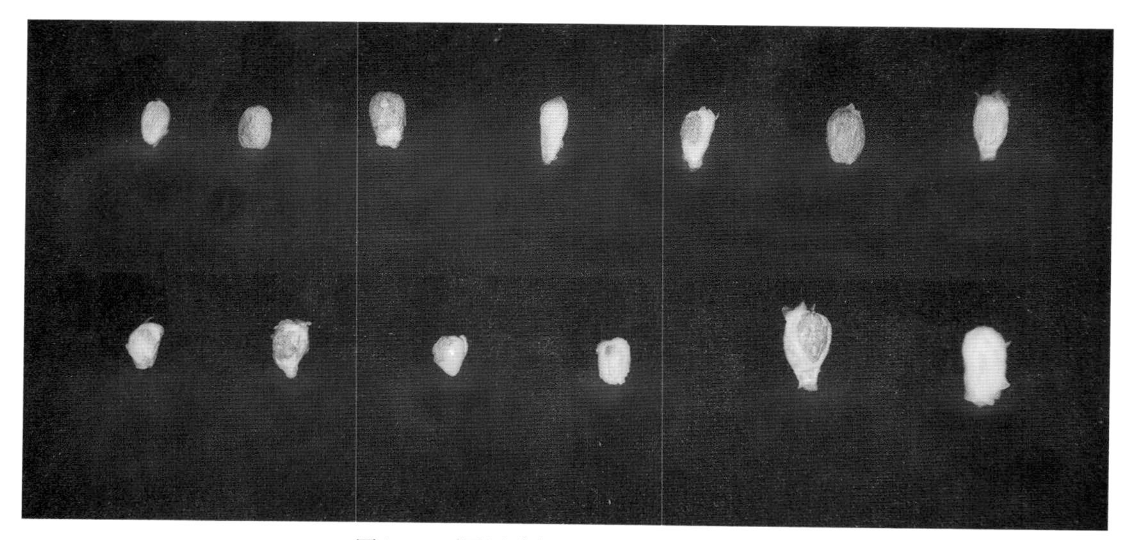

图2-7 不同品种红毛丹的种子大小各异

二、生长发育特性

1.根系分布及生长动态

（1）根系分布 红毛丹根系庞大，须根多而密，其分布范围与所在土壤的性质、土层厚薄、地下水位高低等密切相关。红毛丹根系垂直分布，通常地下水位低，土层深厚、疏松、肥沃，根系分布较深；地下水位高，土层瘠薄，根系生长较浅；主根未受到伤害过的根系分布较深；主根生长点被切断以及高空压条繁殖苗的根系分布较浅。一般来说，红毛丹根大多数分布在地表以下60 cm的土层内，吸收营养的主要集中在地表以下20 ～ 40 cm深的土层中。

红毛丹根系的水平分布通常比树冠大1 ~ 2倍，以距主干约1 m处至树冠外缘的根量最多，施肥区比非施肥区根量也显著增加，健壮树总根量比衰弱树多数倍。

(2) 根系生长动态　红毛丹根系在满足其所需的条件下，可以全年不间断生长，不同时期生长势强弱各异。在一年中，红毛丹根系有以下3个生长高峰。

第一次生长高峰出现在4 ~ 5月。此时是谢花后幼果发育、树体已消耗大量养分的时期，一般根量较少。

第二次生长高峰出现在7 ~ 8月。此时果实已经采收，地温较高、湿度大，适合根系生长，是一年中根系生长量最大的时期。

第三次生长高峰在10 ~ 11月。此时果实采后树体逐渐进入花芽分化期，同时地面温度逐渐降低。

在一年中，红毛丹的根随季节、地上部物候期的变化呈现节奏性活动。

2. 枝梢生长动态

红毛丹的新梢，多从上一年营养枝顶芽及其下的第二个芽或第三个芽抽出，采果枝从枝条先端腋芽抽出。此外，弱枝、衰退枝会从树干或枝条的不定芽萌发新梢。

一年中新梢发生的次数，因树龄、树势、品种和气候条件而定。幼年树营养生长旺盛，若肥水充足，温度适宜，可抽新梢3 ~ 5次；盛果期的树，当年采果后抽梢1 ~ 2次，无结果年份抽梢3 ~ 4次，抽梢时间一般在2 ~ 4月、5 ~ 7月、8 ~ 10月。

不同季节对梢期长短、叶色变化、枝梢质量影响很大。11月至翌年4月，温度较低、湿度小，梢期较长，枝梢较细；而5 ~ 10月，气温高、雨水多，叶片转绿快，光合效能提高，营养积累多，生长快，此时梢期较短，故抽梢次数多。幼年树的管理应充分利用这一特点，加速其生长，扩大树冠。

红毛丹枝梢依据生长发育时间不同可分为以下类型。

(1) 春梢　一般于春分至清明抽出，但萌发时期也随树势强弱、气温高低、湿度大小而变化。树势较旺，前一年秋梢抽得早、无冬梢的树，至12月上旬顶芽及侧芽较饱满，抽春梢较早，多于1月中下旬萌发；而树势较弱，前一年抽秋梢晚或冬春温度较低，则萌发春梢较晚，于2 ~ 3月抽梢，少数4月抽出。而结果树2 ~ 4月开花。在同一植株中，如有大量春梢抽出，则影响花的质量，甚至加重幼果脱落。

(2) 夏梢　发梢期在5月上旬至7月底。幼年或盛果期树先后有2 ~ 3次抽梢。第一次在春梢老熟后的5月上中旬萌发。第二次于6月中下旬萌发，植株生长旺盛者于7月下旬再次萌发新梢，生长期跨入下一个季度。梢期先后由长到短，长的约40 d，短的约20 d。有的新梢未充分老熟，紧接着顶芽萌动，第二次新梢生长。由于连续生长，若养分供应不足，后期萌动的新梢生长量少而弱。未开花的成年树通常春梢萌发后少有夏梢。

(3) 秋梢　于8 ~ 10月抽出，也有的提早于7月下旬抽出。秋梢是结果树翌年开花结果的重要枝梢，萌发适时将形成良好的结果母枝。幼树能萌发秋梢2次，分别于8月上中旬和9月下旬至10月初各抽1次。成年结果树一般萌发1次，于8 ~ 9月抽出。管理不好的果园，也有不抽秋梢的。所以在栽培措施上，培育秋梢适时抽出，是管理工作的重要内容，也是翌年丰产的基础。

（4）冬梢　于11月以后抽出的新梢称为冬梢。若冬季高温高湿，红毛丹仍能继续萌发新梢。冬梢翌年一般不能开花结果。

3.开花与结果

红毛丹经数年的营养生长后转入生殖生长。一般实生树植后7～8年开花结果，嫁接苗植后3～4年开花结果。实生树雌雄同株，也有单雄性花的“公树”。嫁接树是通过人为选择的优良母树取接穗繁殖，一般都为雌雄同株。红毛丹开花与结果因品种花期而异。“公树”的花药活力较强、花量大，给雌蕊授粉稔实率较高。因此，果园中适当种一些“公树”，可有效提高授粉率，提高产量。

在海南保亭地区，红毛丹树只要结果母枝上的枝条老熟，养分充足，环境适宜，就能花芽分化，开花结果，一般花期在2～4月。但品种、气候、种植区域和植株营养状况都直接影响开花期。红毛丹一般每年可开三批花，因品种而异，即春花、夏花和秋花，以春花为主，占80%～90%。春花坐果率高，果大质优。因此，在栽培管理上常以加强肥水管理、整形修剪、疏花疏果等措施控制一年一花，促进春花萌发。保亭地区红毛丹开花稔实率为9.15%，最后成果率为2.04%，有蜜蜂等传粉的果园坐果率更高。

红毛丹结果树喜光。光照充足，生长势好，开花多，稔实率高，成果率也高。一般在植株上部的枝梢或受光较好的枝梢，抽出的花穗壮，花量多，结果多；植株下部的枝梢，树内层枝梢受光少，花穗少而弱，结果少。

红毛丹果实于发育期有三次落花落果高峰期。第一次于幼果长至0.1～1.0 cm时，就出现大量落花落果。其原因是授粉受精不良。第二次于幼果长至拇指大小时，这一时期属于果实迅速膨大期，遇久旱突降大雨后出现大量落果。其原因是养分、水分生理失调。少部分为败育果，多长成畸形果。在幼果期遇到干旱或干热风，也会加重落果。第三次落果高峰期是果实成熟期，其原因是果实过熟，或因气候条件引起。

在海南保亭地区，红毛丹果实一般于6月中下旬至8月上旬成熟。但不同品种的果实成熟期不同，早熟品种为6月下旬至7月上中旬，中熟品种为7月上旬至下旬，晚熟品种为8月后。红毛丹果实成熟时，红果品种由绿转红或深红，黄果品种由绿转黄或橙黄。红毛丹果实成熟期较长，同一株树果实成熟期可长达30 d，因此采收果实可分2～3批进行，或可根据市场行情调节采收时间。

三、对环境条件的要求

根据引种栽培的资料分析，红毛丹经济栽培最适宜的生态指标是：年平均气温24℃以上，最冷月（1月）月平均气温19℃以上，冬季绝对低温5℃以上，≥10℃有效积温8 600℃以上，最低气温低于10℃的天数不超过2 d，未出现5℃以下的低温；年降水量2 500～3 000 mm；年日照时数1 870.3 h以上；土壤pH5.5～6.0，有机质含量2%以上；风速小于1.3 m/s。总体要求是湿度高，温度高，不出现严寒，无台风，土壤肥沃。

1.温度

红毛丹为典型热带果树，温度是红毛丹栽培的限制因子之一，是红毛丹营养生长和生殖生长的主要影响因素之一。据国内外研究报道，红毛丹在年平均温度21.5 ~ 31.4℃的地区生长良好。据观察：11月至第二年2月各月的平均温度18℃以上、绝对低温10℃以上、低温持续时间不长时，红毛丹生长发育正常；若出现5℃以下的低温，当年开花结果不正常，嫩枝会有不同程度的损害。1963年11月海南保亭热带作物研究所的绝对最低气温为2 ~ 6℃，红毛丹实生树体枝梢出现2 ~ 3级寒害，当年春季不开花，6月以后少数植株枝梢开花结果。红毛丹寒害的临界温度为5℃。临界温度以下持续时间越长，损失越严重。

2.湿度

红毛丹性喜高温高湿。雨量充足与否，土壤及空气湿度大小，也是影响红毛丹生长及花芽分化、开花结果的一个主要因素。泰国红毛丹主产区的年降水量2 828.7 mm，主要集中在5 ~ 9月，以7月降水最多，有时达619 mm，在这种高温高湿的气候条件下，红毛丹生长好、产量高。海南保亭年降水量925.7 ~ 2 482.3 mm，平均1 884.8 mm,干湿季节明显，5 ~ 10月降雨多，但11月至翌年4月雨水偏少，土壤干燥，空气湿度小，致使花期推迟且不集中，稔实率低。而春季降雨过多，则红毛丹易萌发新梢，不利于花芽分化。花期忌雨，雨多会影响授粉受精。幼果期阴雨天多，光合作用效能低，易致落果；花期又需要适量降雨，宜数天一阵雨，如遇少雨干旱，会妨碍果实生长发育，引起大量落果。久旱骤雨，水分过多，也会大量落果。

3.土壤

红毛丹对土壤适应性较强，不论是山地或丘陵地的红壤土、沙壤土、砾石土，还是平地的黏壤土、冲积土等，都能正常生长和结果。山地或丘陵地的地势高、土层厚、排水良好，但缺乏有机质，肥力较低，经深翻改土，红毛丹根群分布深而广，植株生长势中等。平地地势低，水位高，有机质丰富，水分足，红毛丹生长快，生长势旺盛，根群分布浅而广。排水不良的低洼地及地下水位过高的地方不能种植红毛丹。另一方面，红毛丹喜pH5.5 ~ 6.0的酸性土壤，碱性土及偏碱性土不能种植红毛丹。

4.光照

红毛丹幼苗需要荫蔽度30%～50%，成龄树则喜好阳光。光照充足有助于促进同化作用，增加有机物的积累，有利于红毛丹生长及花芽分化，增进果实色泽，提高品质。而枝叶过密则阳光不足，养分积累少，难以成花。花期日照时数宜多但不宜强。日照过强，天气干燥，蒸发量大，花药易枯干，花蜜浓度大，影响授粉受精。花期阴雨连绵，光合效能低，营养失去平衡，会导致大量落果。

5. 风

风有调节气温的作用。花期晴天湿度低，风力有助于传粉授粉，但花期忌吹西北风和过夜南风。西北风干燥，易致柱头干枯，影响授粉；过夜南风潮湿闷热，容易引起落花。果实发育期间最忌大风和台风，易引起大量落果，严重者破坏树形、枝折树倒，造成严重损失。因此建园时，应注意选择园地和设置防风林。

四、生态适宜区域

1. 国际适宜区域

红毛丹主要分布于东南亚各国，如泰国、斯里兰卡、马来西亚、印度尼西亚、新加坡、菲律宾有生产，美国夏威夷和澳大利亚也有栽培。泰国红毛丹有“果王”之称。

2. 国内适宜区域

海南：主产业区优势适宜区为保亭、陵水、万宁；次主产区次优势适宜区为琼中、屯昌、五指山、三亚、乐东；适宜区主要在儋州、海口、琼海等市县。

云南西双版纳有野生红毛丹。此外，四川攀西个别地区和台湾也有分布。

第四节　主栽品种

红毛丹有红果和黄果两类。海南栽培品种主要有大红果、保研2号、保研4号、保研5号、保研6号及保研7号。保研2号为黄色椭圆形，保研4号为红色椭圆形，大红果、保研5号和保研7号为红色圆形，保研7号丰产性最好，可以一年结果2次以上。

一、早熟品种（成熟期6月下旬至7月下旬）

1. 保研2号（BR-2）

该品种树势中等，树冠疏朗、圆头形，分枝较少，枝条粗壮。果实近圆形，果肩平，果形指数1.06 ~ 1.17，单果重49.9 g（图2-8）。刺毛较短、细而疏，果皮薄，果肉厚而实，果肉比高达58.2%。果肉蜡黄色、透明，肉质爽脆而甜、汁少，含糖量16.0%。肉核自然分离，吃时果肉附带一些种皮。种子扁圆形。成熟期为6月下旬至7月下旬。该品种优点是产量中等，品质优良，宜鲜食，深受消费者喜爱，同时较抗寒；缺点是果皮薄，不耐储运。

2. 保研6号（BR-6）

该品种树体高大，树冠疏朗开张、圆头形，枝条粗壮。果实红色，扁圆形，单果重

38.4 g（图2-9）。刺毛粗短而疏，果皮较厚，果肉厚。果肉蜡黄色、半透明，肉质爽脆、甜而多汁、有香味，肉核分离。种子近长方形。成熟期为6月下旬。该品种优点是果肉厚圆，脆而多汁，香甜可口，可加速繁育，大面积推广。

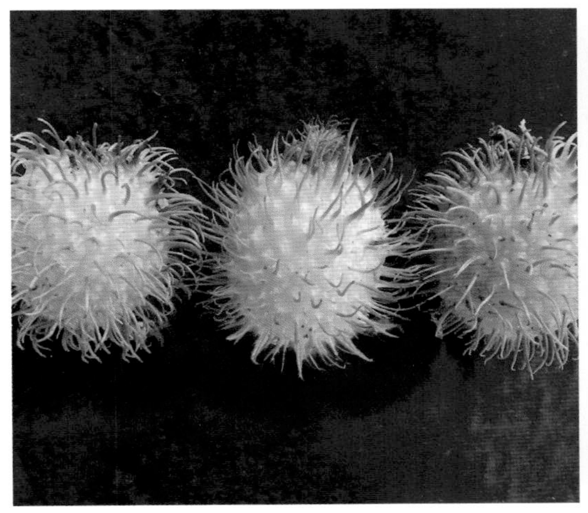

图2-8 保研2号

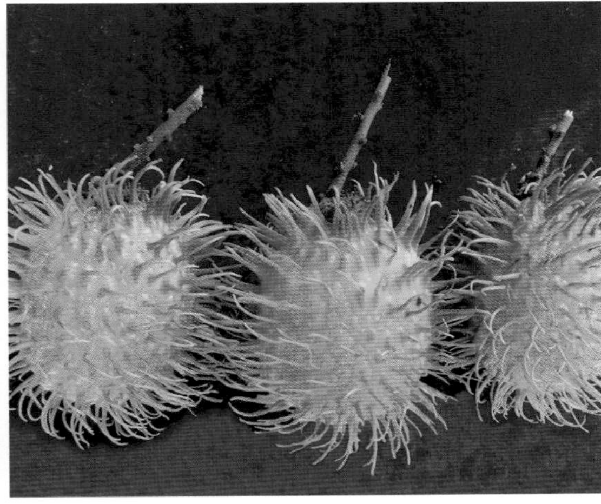

图2-9 保研6号

3. 保研7号（BR-7）

该品种树体高大，树冠紧凑、圆头形，分枝较均匀。果实较大，红色，近圆形，单果重44 g（图2-10）。刺毛短而疏，果皮厚，果肉厚、蜡黄色、半透明，肉质甜脆多汁、有香味，肉核分离。种子近圆形。成熟期为6月中下旬。20年树龄产果可达100 ~ 125 kg。该品种优点是高产，果大肉厚，甜脆多汁，有特别香味，可加速繁殖推广。

图2-10 保研7号

4. 保研8号（BR-8）

该品种选自保亭热带作物研究所实生树单株。树体高大，树冠紧凑、圆头形。果实大，红色，近圆形，单果重45.8 g。刺毛细长、密度中等，果皮薄，果肉厚、蜡黄色、半透明，肉质脆软多汁、甜中略微带酸，肉核分离不太干净。种子近长方形。成熟期为6月下旬至7月下旬。20多年树龄产果可达125 ～ 150 kg。该品种优点是高产，果大肉厚，甜中略微带酸，汁多；缺点是肉核分离不太干净。

5. 保研9号（红鹦鹉）（BR-9）

该品种树体高大，树冠疏朗开张、圆头形。果实红色，长圆形，果肩一侧突起形似鹦鹉嘴，果长5.0 cm，果形指数1.31，单果重42.3 g。刺毛细短而疏，果皮较薄，果肉厚、蜡黄色，肉质甜脆多汁、有香味，肉核分离。种子倒卵形。成熟期为6月下旬至7月下旬。20多年树龄产果可达75 ～ 100 kg。该品种优点是果实形态独特，品质较好，可适当推广。

二、中熟品种（成熟期7月上旬至8月上旬）

1. 保研4号（BR-4）

该品种树势中等，树冠矮伞形，分枝多而密，枝条粗壮，分布均匀。果实中等大小，红色，长圆形，果肩较平，果形指数1.44 ～ 1.7，单果重39.2 g（图2-11）。刺毛长细而密，果皮厚，果肉厚，果肉比43.4% ～ 45.7%。果肉蜡黄色，肉质脆软，清甜而带微酸，含糖量18%，肉核分离。种子长卵形。成熟期为7月上旬至8月上旬。该品种优点是高产优质，耐储运，适合大面积推广种植。

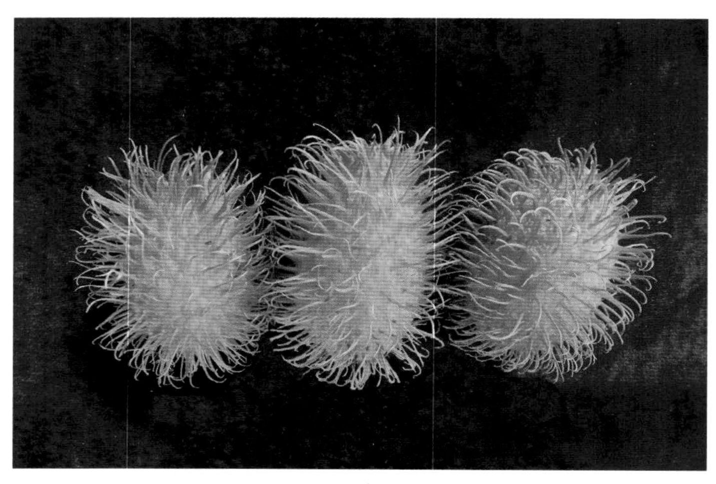

图2-11　保研4号

2.保研10号（BR-10）

该品种树势中等，树冠矮伞形。果实红色，扁圆形，果长5.2 cm，果宽4.3 cm，果形指数1.21，单果重39.5 g。刺毛细长而疏，果皮较厚，果肉厚。果肉蜡黄色，肉质甜脆多汁，肉核分离。种子扁长方形。成熟期为7月上旬至8月上旬。该品种优点是果肉特别厚，种子自然分离。

3.保研11号（红丁香）（BR-11）

该品种树势中等，树冠矮伞形，分枝较多，枝条细。果实较小，红色，近圆形，单果重27.5 g。刺毛细短而密，果皮较薄，果肉厚度中等。果肉蜡黄色，肉质清甜而带微酸、有香味。种子近长方形。成熟期为7月上旬至8月上旬。该品种优点是果肉味美香甜，产量较高。

4.保研12号（BR-12）

该品种树体高大，树冠疏朗、圆头形，枝条粗壮。果实红色，扁圆形，果长5.32 cm，果宽4.03 cm，果形指数1.32，单果重36.9 g。刺毛细长而密，果皮较厚，果肉厚度中等。果肉蜡黄色，肉质清甜脆爽，汁少，肉核分离。种子倒卵形。成熟期为7月上旬至8月中旬。

三、晚熟品种（成熟期7月下旬至8月中旬）

1.保研1号（BR-1）

该品种是从20世纪60年代种植的实生树群体中选出的。树冠圆头形，分枝多而均匀，枝条浓密。果实红色，长圆形，果形指数1.25 ~ 1.54，单果重37.4 g。刺毛长而细密，果皮较厚，果肉敦厚而实，果肉比41.2%。果肉蜡黄色、半透明，肉质爽脆而甜，含糖量18.9%，肉核分离。种子扁长卵形，顶端尖。成熟期为7月下旬至8月中旬。该品种优点是质优高产，较耐储运；缺点是有大小年现象，寒害严重。

2.保研3号（BR-3）

该品种树势中等，树冠矮伞形。果实较小，红色，长圆形，果肩尖，果形指数1.61，单果重平均32.1 g。刺毛长而细密，果皮较厚，果肉较厚，果肉比42.3%。果肉蜡黄色，肉质甜至酸甜、软，半离核。种子扁长卵形。成熟期为7月中旬至8月中旬。产量中等。

3.保研5号（BR-5）

该品种树势中等，树冠疏朗，分枝疏而均匀。果实红色，近圆形，果肩平长，果形指数1.07 ~ 1.36，单果重43 g（图2-12）。刺毛粗长而密，果皮厚，果肉厚，果肉比42.3%。果肉蜡黄色，肉质甜脆而略带软，含糖量19.2%，肉核自然分离。种子扁方形。成熟期为7月中旬至8月中旬。该品种优点是产量中等，大小年不明显。

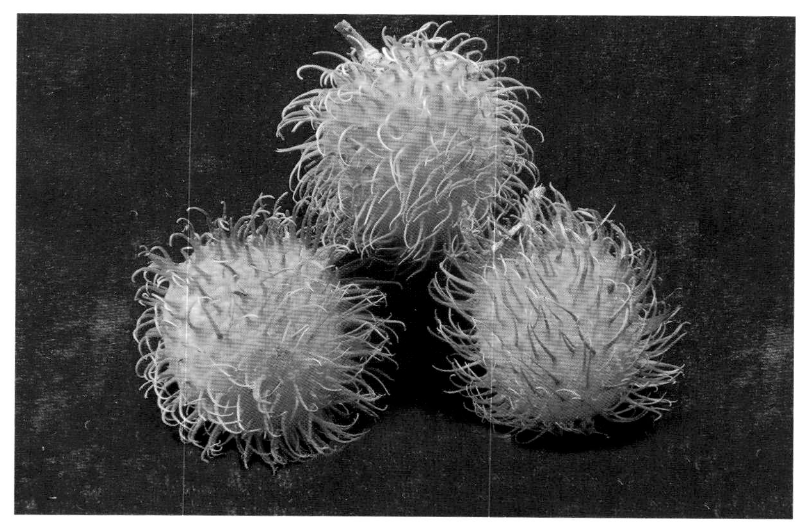

图2-12　保研5号

第五节　种苗繁殖

红毛丹种苗繁殖可分为有性繁殖和无性繁殖两种方式。有性繁殖是直接用种子来繁殖苗木。红毛丹实生苗即指直接由红毛丹种子通过播种繁殖而来的苗木。无性繁殖则不是通过种子来繁殖苗木，通常又分为嫁接繁殖、扦插繁殖和圈枝繁殖（又称高空压条繁殖）等。

一、实生苗繁殖

1.实生苗繁育技术

（1）种子选择　选择需要种植的优良红毛丹品种种子，一般当果实充分成熟后作为种源，选质量好、营养充分、无病虫害的果实取种子。果实成熟后最好现采现播种，这样发芽率高。

（2）种子清洗　选好种果后把剥出的种子放在清水中，人工搓洗干净种子上的糖分。残留在种子上的果肉需清洗干净，因为残留的果肉和糖分，易招引蚂蚁或其他地下害虫啃食种子和幼芽。一般要换水搓洗2 ～ 3遍，以洗干净为准。

（3）沙床催芽　沙床建于房前屋后的土地上，应有遮阴、无积水、便于管理。沙床高15 ～ 20 cm，宽1.2 m左右，用粗河沙填满。播种催芽在晴天和雨天都可进行，芽眼朝下，摆放在沙床上并按紧压实，种子间留一定间隔，这样方便出芽，播种整齐。播种后再在上面铺一层2 cm厚的沙，将沙床淋透水，保湿增温，覆盖遮阳网，避免强光。待沙床稍干时，用80.0%敌百虫可溶性粉剂800 ～ 1 000倍液给沙床喷药一次，可杀灭蚂蚁或者其他地下害虫，预防它们啃食和危害种子。

(4) 移袋培育　催芽时间15 ~ 20 d。当种芽长到5 ~ 10 cm长、第一对心叶未张开前，要及时准备移入袋中培育，直到种苗出圃。

2. 实生苗评价

优点：一是实生苗根系发达；二是实生苗种植后成活率高，且株性有雌雄同株和雌雄异株。

缺点：一是实生苗变异大，导致后期果实品质良莠不齐；二是实生苗种植后果树童期较长，结果较慢，一般要8年以后才能结果；三是实生苗株性复杂，存在一定比例的"公树"不结果。

二、嫁接苗繁殖

1. 嫁接时间

红毛丹种苗嫁接时间要选择在适宜的气候条件下，忌讳高温多雨或者低温季节进行嫁接。在海南主产区保亭县一般在每年的10月至12月中旬或者3 ~ 4月进行嫁接，有利于提高嫁接成活率。

2. 砧木选种

选择适宜本地种植的、抗性强、与接穗品种亲和力好的红毛丹品种（系）作为砧木苗。一般当果实成熟后现采现播种发芽率高，随着果实储藏时间增加，种子发芽率逐渐降低。选果实质量好、营养充分、无病虫害的种子作为砧木种子，种子处理等技术与实生苗繁殖的方法相同。

3. 接穗选择

待育好砧木实生苗后，选择需要嫁接的红毛丹主栽品种或新品种的枝条作为接穗。选择已过童期进入结果期的半木质化的枝条，要求品种纯，无病虫害，芽眼多且饱满，粗度与砧木相对一致。接穗不宜久储，最好取接穗后立即嫁接，如果需要短期保存，可用湿毛巾等包裹保湿短期存放于凉爽的环境，保存时间长则影响嫁接成活。

4. 嫁接方法

红毛丹嫁接一般分为枝接和芽接两种。

(1) 枝接　红毛丹的枝接通常采用切接法和劈接法。

①切接法。适用于小砧木（砧木直径1 ~ 2 cm）的嫁接。

采接穗：先选长度7 cm左右、具有2 ~ 3个饱满芽眼的接穗，最好接穗粗度与砧木相当。

削砧木：砧木离地面20 cm左右截断（具体根据砧木及嫁接口高低而定），截面要光滑平整。选择砧木光滑顺直的一侧，用利刀在切口下端由下而上快速斜削（约45°角），砧木斜削面与接穗斜削面相当，斜削面必须平滑。

削接穗：在接穗的下端，接芽背面一侧，用利刀削成长度2 ～ 3 cm、深达木质部1/3的平直光滑斜面，在其下端相对的另一侧面削成45° 角、长约1 cm的斜面，略带木质部，斜削面必须平滑。

插接穗：将接穗基部的斜削面和砧木斜削面对接对准，必须形成层对准。

绑扎带：接穗和砧木对准后用嫁接膜绑扎固定，将嫁接部位与接穗包裹紧而密封。

整个嫁接过程突出平、准、快和紧的特点。

②劈接法。适用于较粗砧木的嫁接，尤其是高接换冠。方法是从砧木断面垂直劈开，在劈口两端插入接穗，其他操作技术要点与切接法相同。此方法的优点是嫁接后结合牢固，可供嫁接时间长；缺点是伤口太大，愈合慢。

（2）芽接　是从枝上削取一芽，略带或不带木质部，插入砧木上的切口中，并予绑扎，使之密接愈合的嫁接方法。

选好芽片：选取枝条中段充实饱满的芽作接芽，上端的嫩芽和下端的隐芽都不宜采用。芽片大小要适宜。芽片过小，与砧木的接触面小，接后难成活；芽片过大，插入砧木切口时容易折伤，造成接触不良，成活率低。削取芽片时应带少量木质部。接芽一般削成盾形或环块形，盾形接芽长1.5 ～ 2 cm；环块形接芽大小视砧木及接芽枝粗细灵活掌握。

芽接方法：嫁接时，先处理砧木，后削接芽，接芽随采随接，以免接芽失水影响成活。采用T形芽接，先在砧木离地面10 cm左右处切T形口，深度以见木质部、能剥开树皮为宜；再用刀尖小心剥开砧木树皮，将盾形带叶柄的接芽快速嵌入，用宽1 cm的塑料带绑紧，只露出芽和叶柄，包扎宽度以超过切口上下1 ～ 1.5 cm为宜。

芽接后管理：芽接后30 ～ 40 d检查成活情况，如芽片新鲜呈浅绿色，叶柄一触即落，说明已经成活，否则没有成活，应在砧木背面重接。嫁接成活后在芽接点以上18 ～ 20 cm处截干，解开绑扎物。剪去砧木发出的枝条。

5. 嫁接后管理

（1）检测成活　嫁接后通常7 ～ 15 d即可检查成活情况，凡接穗上的芽已经萌发生长或仍保持新鲜的即已成活。接芽上有叶柄的很好检查。只要用手轻轻碰叶柄，叶柄一触即落的，表示已成活。这是因为叶柄产生离层的缘故。若叶柄干枯不落，则表示未成活。

（2）补接　对于嫁接后接穗未成活的植株，需要及时补接。补接植株进一步集中管理。

（3）解除绑物　当接穗已嫁接成活，接穗新芽长到2 ～ 3 cm、愈合已牢固时，即可全部解除绑缚物，以免接穗发育受到抑制，影响生长。但解除绑缚物的时间也不宜过早，以防因其愈合不牢而自行裂开死亡。

（4）水肥管理　嫁接后15 ～ 20 d内一般不淋水。如果天气太干旱，苗圃地土壤太干，砧木苗可以适当淋水，1周后再嫁接。当接穗开始萌芽后要及时淋水，促进芽的生长。

嫁接后当第一蓬叶稳定后，每隔7 ~ 10 d施一次水肥，薄施勤施。水肥以复合肥为主，浓度在0.2%左右。当苗木第二蓬叶稳定后，可根据种苗出圃标准出圃定植。定植前半个月要打开遮阳网并进行炼苗。

6. 嫁接苗评价

优点：一是红毛丹嫁接苗保持了应栽品种的纯正性；二是嫁接苗结果早，缩短了果树童期；三是嫁接苗和实生苗一样具有主根且根系发达；四是嫁接苗地下部分抗逆性强。

缺点：一是不同砧木与不同品种间嫁接后果实品质有差异；二是不同砧木与不同品种间亲和性各异。

红毛丹生产上推荐采用嫁接苗种植。

三、高空压条苗繁殖

高空压条苗繁殖又称为圈枝苗繁殖，也属于无性繁殖。一般按照以下操作程序。

1. 繁殖时间

在海南红毛丹主产区一般一年四季都可以进行高空压条繁殖，但一般在3 ~ 5月较好，这个时期红毛丹逐渐进入旺盛生长，雨水逐渐增多，易剥皮，圈枝后长根快，成活率高。

2. 枝条选择

对于高空压条苗繁殖的枝条选择：一是选品种，选择果实品质优良、丰产稳产、长势健壮而旺盛的结果树；二是选枝龄，选择2 ~ 3年的枝条，枝形好，生长平直，生长健壮，枝皮光滑，无寄生物及病虫害；三是选枝数量要适中，同一母树不宜圈枝太多，圈枝太多不仅影响母树的树冠，还影响母株的生长发育。

3. 环状剥皮

在已选枝条上，距离下部分枝7 ~ 8 cm、适宜包裹基质的部位环割两刀，两刀间隔3 cm左右，深度达木质部，环状两刀间纵切一刀，将其间的皮剥除。

4. 生根基质

凡是能通气、保湿的材料都可作生根基质，但常为就地取材，用椰糠、木糠、有机肥、园土、生根粉、水等按一定比例混配后待用。一般采用椰糠（或木糠）和肥沃园土按1 ： 2加水混匀，用手掌紧抓基质，手指间有少量水分渗出即可。

包裹要点：将预先制备好的生根基质用塑料膜包裹。塑料膜长40 ~ 50 cm，宽约30 cm，具体根据所选压条枝的大小而定。包裹时先将薄膜一端扎紧于环剥口之下，绑扎成喇叭状，往里填充生根基质，边填充边压实，直到环剥口之上，并扎紧上端即可。为了促进早发根、多长根，包扎前一般在环剥口涂抹生根粉，使用吲哚丁酸、吲哚乙酸、萘乙酸等，具体浓度按照说明使用。

5.剪离母株

包裹生根基质后每隔一定时间要观察生根情况，一般80 ～ 100 d薄膜包裹的基质内可以看到长出的根系，当根系多而密布时可把枝条从母树上剪下。剪高空压条苗时，要从包裹生根基质的下方把枝条连基质团剪下，随后剪去大部分枝叶，仅留数条主枝及少量叶片，解开薄膜进行假植，从而完成了整个高空压条苗的繁殖。

6.高空压条苗评价

优点：一是高空压条苗繁育方法简易，成活快，结果早；二是种苗结果后保持与母树一致的优良性状。

缺点：一是高空压条苗对树体伤害大，繁殖系数低；二是高空压条苗没有主根，抗风能力差。

四、苗木出圃

一般红毛丹种苗出圃要达到以下要求：一是种苗嫁接口要充分愈合，并且接穗要新长出一蓬以上的新梢；二是种苗生长健壮，无病虫害；三是种苗品种纯度高；四是根系发达(图2-13)。

图2-13　红毛丹出圃苗

第六节　栽培管理

一、建园选址

1. 园地选择

园地应选在红毛丹优势适宜区：年平均温度24℃以上，绝对低温5℃以上；年降水量1 600 mm以上且分布均匀，或有灌溉条件；地势较好，海拔250 m以下，坡度小于25°的山坡地、缓坡地或平地；以土层深厚、有机质含量较高、排水性和通气性良好的壤土为宜，土壤pH5.5 ~ 6.5，地下水位应离地面1 m以下。另外，园地应远离工业区或污染源，并避开风口。

2. 果园规划

（1）作业区划　种植规模较大的果园可建立若干个作业区。作业区的建立依地形、地势、品种的对口配置和作业方便而定，一般33.3 ~ 66.7 hm^2为一个作业大区，13.3 ~ 20.0 hm^2为一个作业中型区，1.33 ~ 1.67 hm^2为一个作业小区。

（2）灌溉系统　具有自流灌溉条件的果园，应开主灌沟、支灌沟和小灌沟。这些灌沟一般修建在道路两侧，地形地势复杂的果园自流灌沟依地形地势修建。没有自流灌溉条件的果园，设置水泵、主管道和喷水管（或软胶塑管）进行自动喷灌或人工移动软胶塑管浇水。

（3）排水系统　山坡地果园的排水系统主要有等高防洪沟、纵排水沟和等高横排水沟。在果园外围与农田交界处，特别是果园上方开等高防洪沟。纵排水沟应尽量利用天然的汇水沟，或在道路两侧挖排水沟。等高排水沟一般在横路的内侧和梯田内侧开沟。平地果园的排水系统，应在果园围边开排水沟、园内纵横排水沟和地面低洼处的排水沟，以降低地下水位和防止地表积水。

（4）道路系统　果园道路系统主要是为了运营管理过程中交通运输所用，可根据果园规模大小而设计道路系统，一般分为主路、支路等，主路宽5 ~ 6 m，支路宽2 ~ 4 m。

（5）防风系统　在国内的主产区海南每年7 ~ 10月是台风高发期，果园种植规划中一是要考虑避开风口，二是要人工建造防风林。防风林可以降低风速减少风害，增加空气温度和相对湿度，促进提早萌芽和有利于授粉媒介的活动。在没有建立起农田防风林网的地区建园，都应在建园之前或同时营造防风林，一般选用台湾相思、木麻黄、印度紫檀、非洲楝、刺桐、榄仁树、银桦、柠檬桉、榕树等。近年也有选择果树作为防风林的，如龙眼等。

（6）辅助设施　大型果园应建设办公室、值班室、宿舍、农具室、包装房、仓库等辅助设施。辅助设施建设占地面积一般控制在5%以内，建设情况根据地方政府相关规定实施，以免造成不必要的损失。

3. 开垦及种植前准备

（1）全区整地　坡度小于5°的缓坡地修筑沟埂梯田，大于5°的丘陵山坡地宜修筑等高环山行。一般环山行面宽不低于2.5 m，考虑小型机械化作业可以在4.0 m左右，根据坡地和丘陵地形而定。

（2）定标挖穴　根据园地环境条件、品种特性和栽培管理条件等因素确定种植密度。一般定植株行距为（4 ～ 5)m×(5 ～ 6)m，每667 m^2种植22 ～ 33株。推荐采用矮化密植。按标定的株行距挖穴，穴面宽 × 深 × 底宽为80 cm×70 cm×60 cm。种植前1个月，每穴施腐熟有机肥15 ～ 25 kg，过磷酸钙0.5 kg。基肥与表土拌匀后回满穴呈馒头状。

二、栽植技术

1. 栽培模式

（1）矮化抗风栽培模式　常规的传统栽培模式是追求单株的高大，单株的产量为主，栽培较稀，株行距一般都在7 m以上，每667 m^2种植13 ～ 22株，树高5 m以上。这一栽培模式的缺点：一是不抗风，在我国主产区海南每年7 ～ 10月是台风高发期，容易被台风危害；二是管理过程中劳动力成本过高，主要表现在摘果、修剪、喷药等劳动效率低下，再加之劳动力成本较高，增加了生产成本，且不便于田间操作。

采用矮化密植新栽培模式，一般株行距（4 ～ 5）m×（5 ～ 6）m，每667 m^2栽植30株左右，树冠矮化，植株即抗风，日常管理成本低且管理方便。

（2）间作栽培模式　一是红毛丹间作短期作物。如在幼龄红毛丹园间种花生、绿豆、大豆等作物，或者在果园长期种植无刺含羞草、柱花草作活覆盖；在树盘覆盖树叶、青草、绿肥等，每年2 ～ 3次；同时可以间作冬季瓜菜，如大蒜、韭菜等。二是红毛丹间作长期作物，如间作槟榔、榴莲、山竹等（图2-14、图2-15）。

图2-14　红毛丹间作山竹

图2-15 红毛丹间作榴莲

2. 栽植要点

海南一般一年四季均可种植红毛丹，但推荐优先春植、秋植。具有灌溉条件的果园6 ~ 9月种植，没有灌溉条件的应在雨季定植。

定植时将红毛丹苗置于穴中间，然后将育苗袋解开。育苗袋应集中收集处理，切忌把育苗袋埋入穴内。

（1）平齐 即定植时根与茎结合部与地面平齐，或稍微高于地面。要避免太低而积水，太高而造成根系裸露。

（2）扶正 即定植时将种苗扶正，保持与地面垂直，以便植株生长发育。

（3）填土 基肥与土壤充分混匀后，把种苗放入种植穴中央，扶正，陆续回填土壤。填土时切忌边回填土边踩压，以防止土球被踩踏散造成根系伤害。

（4）树盘 当土壤回填满种植穴后，在树苗周围做直径0.8 ~ 1.0 m的树盘。树盘的作用：一是确保浇定根水时水集中到根系部位，根系容易吸收；二是下雨时自然收集雨水；三是保护根系。

（5）定根水 定植后，修好树盘，及时淋透定根水。定根水的作用：一是及时给植株提供水分；二是能让土壤与植株根系充分结合，避免造成根毛悬空于土壤颗粒空隙之间，从而造成植株缺水而旱死。定根水的用量一般每株15 ~ 30 kg，根据具体土壤条件而定。

（6）覆盖 定植后利用秸秆、杂草等或者地布对树盘进行覆盖。树盘覆盖可对树盘内土壤起到保水作用，防止因暴晒而板结。

三、幼树管理

1. 培养早结丰产树形

幼树主干生长到高50 cm左右时摘顶，以促生侧枝，选留3 ~ 4条分布均匀、生长健壮的分枝作一级主枝。当一级主枝各长到30 ~ 50 cm时摘顶，并分期逐次培养各二级分枝，使形成一个枝序分布均匀合理、通风透光良好的矮化半球形或自然圆头形树冠。

2. 提高水肥利用效率

（1）定植前重施基肥　定植前1个月挖穴，每穴施腐熟有机肥（羊粪、牛粪、猪粪、鸡粪等）15 ~ 25 kg，过磷酸钙0.5 kg。基肥与表土拌匀后回满穴呈馒头状。商品性有机肥根据肥料及园地情况适当增减。

（2）幼树勤施薄施肥

①常规施肥方式。当红毛丹植株抽生第二次新梢时开始施肥。全年施肥3 ~ 5次，以氮肥为主，适当混施磷肥、钾肥。施肥位置：第一年距离树基部约15 cm处，第二年以后在树冠滴水线处。前3年施用氮、磷、钾三元复合肥（15-15-15）或相当的复合肥，第四年开始投产，改施硫酸镁三元复合肥（2-12-12-17）或相当的复合肥。一般采取“一梢两肥”或“一梢三肥”，即：枝梢顶芽冒出时开始施第一次肥，通常施以氮肥为主的速效肥，促进嫩梢嫩叶迅速展开；当新梢基本停止生长、叶片转绿时开始施第二次肥，促进枝梢老熟，积累营养；也可以根据树势，当枝梢转绿之后施第三次肥。1 ~ 4龄树推荐复合肥施肥量分别为每株每年0.5 kg、1.0 kg、1.5 kg、2.0 kg，管理得好一般种植后第三年即实现试结果，有少量产量。

②水肥一体化施肥方式。幼龄红毛丹（生长1 ~ 3年）施肥目的主要是促进快速生长，形成早结丰产的树形，一般此期施肥需重施高氮复合肥。推荐三要素养分施肥比例为$N : P_2O_5 : K_2O=1.0 : 1.0 : 0.4$，采用水肥一体化施肥，施肥频次以气候和植株长势而定，在干旱季节需要勤施，7 ~ 10 d施水肥一次，在雨季施肥间隔可适当拉长。

3. 园区土壤覆盖

果园主要采取间套种绿肥或者果园生草方式以增加地面覆盖，一般选择的绿肥是假花生、绿豆、黄豆和柱花草等作物（图2-16）。另外，果树植株的落叶也可以当作覆盖材料。

果园生草覆盖技术就是在果园种草或让果园内原有的杂草自然生长，定期进行割草粉碎还田。果园生草覆盖有以下优点：一是防止或减少果园水土流失；二是改良土壤，提高土壤肥力，果园生草并适时翻埋入土，可提高土壤有机质，增加土壤养分，为果树根系生长创造一个养分丰富、疏松多孔的根层环境；三是促进果园生态平衡；四是优化果园小气候；五是抑制杂草生长；六是促进观光农业发展，实施生态栽培；七是减少因

使用各类化学除草剂所带来的污染。

图2-16　红毛丹生草覆盖

四、成年树管理

1.肥水管理

(1) 施肥时期及施肥量　红毛丹成年树即结果树在一年的生长发育期有三个阶段对需肥量较为敏感。

第一阶段是开花期。这一时期红毛丹主要由营养生长过渡到生殖生长，主要是花芽分化和开花，开花整齐度、授粉受精情况直接影响后期坐果率。此期施肥叫促花肥。在11月至翌年3月中旬开花前施用，推荐每株施肥量为沤熟水肥或人畜粪水15 kg+三元复合肥0.2 kg，充分拌匀，沿树冠滴水线四周挖沟淋施，随后覆土。这一时期也要适时喷施叶片肥。

第二阶段是果实膨大期。这一时期果实迅速膨大，对中微量营养元素的需求较为敏感。此期施肥叫壮果肥。以氮肥、钾肥为主，于开花后至第二次生理落果前施用，推荐肥料为0.3%磷酸二氢钾+0.5%尿素，叶面喷施2 ～ 3次，于晴天16：00后至傍晚进行。

第三阶段是采果前后。这一时期果树由于果实采收后，树体营养流失较大，需要及时补充营养恢复树势以备第二年结果。此期施肥叫采果肥。早熟品种、长势旺盛或结果少的树在采果后1 ～ 2周施用，反之在采果前1个月施用。6 ～ 8月结合深压青进行，推荐每株施肥量为农家肥或商品性有机肥25 ～ 40 kg+氮磷钾三元复合肥（15-15-15）0.5 kg。

（2）施肥方式

①土壤施肥。就是将肥料施在根系生长分布范围内，便于根系吸收，最大限度地发挥肥料效能。土壤施肥应注意与灌水结合，特别是干旱条件下，施肥后尽量及时灌水。红毛丹常用的施肥方法有以下几种。

环状沟施：在树冠外围稍远处，即根系集中区外围，挖环状沟施肥，然后覆土（图2-17）。环状沟施肥一般多用于幼树。

放射状沟施：以树干基部为中心，呈放射状向四周挖多条（4 ～ 6条或更多）沟，沟外端略超出树冠投影的外缘，沟宽30 ～ 70 cm，沟深一般达根系集中层，树干端深30 cm，外端深60 cm，施肥覆土（图2-18）。隔年或隔次更换施肥沟位置，扩大施肥面积。

条状沟施：在红毛丹果树行间、株间或隔行挖沟施肥后覆土，也可结合深翻土地进行（图2-19）。挖施肥沟的方向和深度尽量与根系分布变化趋势相吻合。

穴状施肥：在树干外50 cm至树冠投影边缘的树盘里，挖星散分布的6 ～ 12个深约50 cm、直径30 cm的坑穴，把肥料埋入即可（图2-20）。这种方法可将肥料施到较深处，

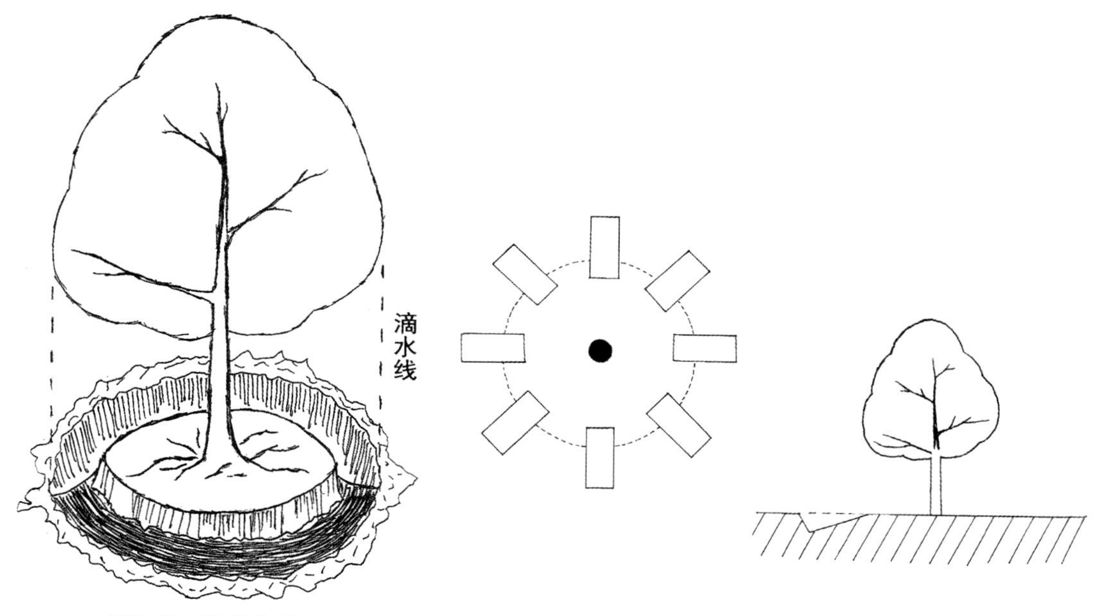

图2-17　环状沟施

图2-18　放射状沟施

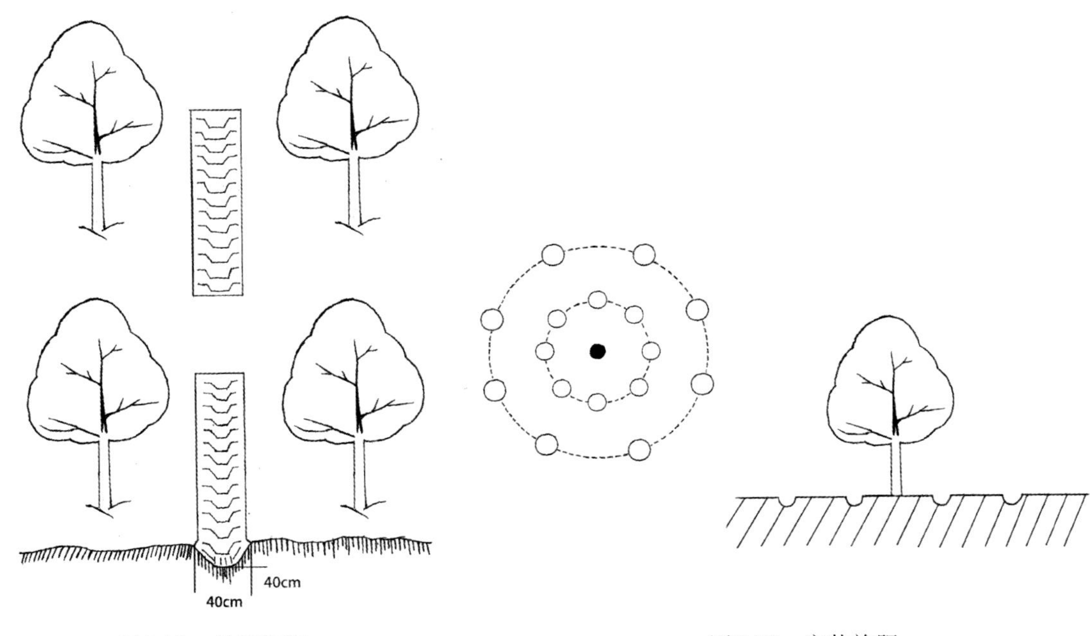

图2-19 条状沟施　　图2-20 穴状施肥

伤根少，有利于吸收，且适合施用液体肥料。

全园撒施：将肥料均匀地撒在土壤表面，再翻入深20 cm的土中，也有的撒施后立即浇水或锄划地表。成年果树或密植果园，根系几乎布满全园时多用此法。该法施肥深度较浅，有可能导致根系上翻，降低果树抗逆性。若将此法与放射状沟施法隔年交替应用，可互补不足。

各地还有围绕树盘多点穴施等施肥形式，作为撒施和沟施的补充方法。

②水肥一体。水肥一体化技术，是指灌溉与施肥融为一体的农业新技术。红毛丹水肥一体化，是借助压力系统(或地形自然落差)，将可溶性固体或液体肥料，根据土壤养分含量和作物种类的需肥规律，配兑成肥液，与灌溉水一起，通过可控管道系统供水、供肥，使水肥相融后，通过管道和滴头形成滴灌，施入红毛丹根系发育生长区域。一些中微量营养元素或者液体有机肥等最适宜采用水肥一体化技术。其特点是可控、节水，肥随水走，供肥较快，肥力均匀，对根系损伤小，肥料利用率高，节省劳动力，增产增效。水肥一体化技术成为了现代果园象征之一。

以保研7号红毛丹为例，研究采用滴灌增施镁肥和常规施肥（不施镁肥，对照）对红毛丹产量、品质及经济效益的影响，结果表明：滴灌施镁肥的保研7号红毛丹产量为9 736.7 kg/hm^2，较常规施肥增加10.1%。与对照相比：红毛丹叶片中的镁和氮含量显著提高，果实营养品质得到改善；可溶性固形物含量增加2.1%，维生素C含量提高5.0%，固酸比提高16.1%，可滴定酸含量降低0.016%；纯收益增加13 994元/hm^2，提高19.6%。说明滴灌施镁肥可提高红毛丹产量、品质及经济效益。

③根外追肥。就是将水溶性肥料或生物性物质的低浓度溶液喷洒在生长中的作物根外的枝、叶、果等部位上的一种施肥方法。红毛丹的枝、叶和果等部位都有不同程度的吸肥能力，而叶面喷施具有见效快、效果好的特点。红毛丹叶片吸收是通过气孔、细胞间隙、细胞膜进行，气孔及细胞间隙多、细胞膜薄、组织幼嫩的吸收率高。

（3）红毛丹喷施叶面肥注意事项

①时间。喷施时间应在早晨露水干后，或者下午至傍晚避开太阳暴晒的时间。另外，在红毛丹生长发育过程中，开花期和果实迅速膨大期应多喷施中微量营养元素的肥料。

②温度。温度高时，喷洒在叶面的肥液干得快，影响养分的吸收，所以应避开12：00–15：00太阳暴晒时喷施。

③叶龄或部位。幼嫩叶片生理机能旺盛，一般幼嫩叶单位面积气孔数量比老叶多，角质层薄，有利于肥料吸收；同龄的叶片背面要比叶片表面易吸收。因此，喷施应多喷幼嫩叶片和叶片背面。

④肥料种类。不同液体肥渗入速度不同，植物对其的吸收量也不同，阳离子进入多，阴离子进入少，其原因是细胞壁本身带负电荷。对于红毛丹，在开花期多选富含硼元素的叶面肥喷施有利于其花粉管萌发和授粉受精，在果实膨大期宜多选富含钙、镁等中微量营养元素的叶面肥。

⑤喷施浓度。科学掌握叶面肥的喷施浓度十分重要。浓度过高，造成肥害，而且微量元素如果浓度过高还可能造成毒害；浓度过低，则肥效不明显。磷酸二氢钾常用的喷施浓度为0.3%左右，硼砂（或硼酸）为0.2%～0.3%，尿素为0.3%～0.5%，具体根据肥料类型及树势和天气而定。

2. 树体管理

（1）修剪作用　红毛丹的修剪作用主要是调节整体植株与环境的关系，利用提高有效叶面积指数，改善光照条件，提高光合效能，调节营养生长和生殖生长的关系，同时协防病虫害。具体修剪作用如下：

①通过修剪调节光照。红毛丹属于典型的喜光热带果树，在一定程度，产量与有效叶面积大小成正比。通过修剪树冠，可改善树冠结构，改善通风透光条件，使得单位面积有尽可能多的叶面产生光合作用从而增加营养物质的积累。

②通过修剪调节水分。对于荫蔽的果园，通过修剪可以改善果园微环境，调节树体蒸腾情况。

③通过修剪协助病虫害防控。对于荫蔽、通风透气差的红毛丹果园，一般病虫害也相对严重，而通过修剪，可改善果园环境，使果园通风透气，减少害虫的栖息场所，一定程度上促进了病虫害防控。

④通过修剪调节树体平衡。通过修剪可调节地上部分与地上部分的平衡，以及地上部分生殖生长和营养生长的关系。另外，通过修剪可促进树体整齐地萌发新梢及开花结果，便于生产管理。

（2）修剪时期　结果树修剪时间分秋剪和冬剪。秋剪在采果后1个月内进行，冬剪在冬末春初新梢萌发前或抽花蕾前进行。

（3）修剪原则　幼龄结果树宜少剪多留，一般只剪除叶片已丧失光合能力的枝、贴近地面的下垂枝和少数过密的枝，剪除的枝梢不超过整株树枝梢的10%。成年盛产期结果树宜较重的修剪，一般剪除枝梢的20%～30%。老年结果树视枝梢生长情况而定，枝梢多而弱，宜重剪；枝梢少而弱，宜轻剪。结果多、树势弱、叶色黄绿的树，采果后不宜马上修剪，须待施肥后叶色转绿、树势稍恢复时才能修剪。修剪通常是剪除过密枝、弱枝、重叠枝、下垂枝、病虫害枝及枝干不定芽长出的枝。结果树的修剪原则要控上促下，保持丰产高效树形。

（4）修剪方法　红毛丹修剪方法主要有采果后的回缩修剪和疏剪。

①回缩修剪。又分为重回缩和轻度回缩。一般在幼树树形培养和成年树果实采收后采用此方法。当枝梢抽出2～3蓬叶且稳定后，在木栓化部分进行回缩修剪，保留枝梢30～40 cm。剪除枝梢一部分，其作用是：促进抽新梢，增加结果枝；缩短根叶距离，加快水分和养分上下流动；改变部分枝梢的顶端优势，调节枝条间平衡关系；有利于枝条的更新复壮。红毛丹果实采收后一般都要对已结果的枝梢进行回缩修剪，使之统一萌发新梢，培养下一年的结果枝。

②疏剪。又叫疏除，即从枝条基部疏除。其作用是减少分枝，改善光照条件。通常用于剪去密生枝、重叠枝或者严重病虫害枝。对于大的枝梢，疏剪后注意伤口的保护，防止往下大面积干枯或伤口感染病害。

3. 花果管理

（1）催花保果

红毛丹有单性花和两性花，植株有雄株、具有雌花功能的两性花株和两性花株之分。两性花株坐果率最高，有雌性功能的两性花株坐果率次之，雄株则不结果。但一般在果园中有1～2棵雄株作授粉树，可以提高坐果率。

①催花。在花芽分化期，叶面喷施40%乙烯利300 mg/L或萘乙酸钠液15～20 mg/L，促进开花。根据温度条件调整溶液浓度和喷施次数。

②辅助授粉。一是适当配置授粉树，二是采取盛花期放蜂（图2-21）、人工辅助授粉、雨后摇花、高温干燥天气喷水等措施，创造易授粉条件。

③保果。推荐施用赤霉素50～70 mg/L，叶面和果穗喷施，谢花后喷施第一次，20 d后喷施第二次，以保果壮果。

（2）疏花疏果　红毛丹在花期，常出现花序“冲梢”现象，只要在冲梢初期摘去嫩叶嫩梢，就可消除冲梢。一般在花穗抽生10～15 cm、花蕾未开放时进行。疏花穗数量应视树的长势、树龄、品种、花穗数，以及施肥和管理情况而定。疏果在第一次生理落果后，第二次生理落果前半个月至一个月进行。红毛丹的自然坐果率达到34%～67%，成果率1.0%～2.4%。应根据树势、结果量来疏花果，一般每枝花序留8～15个果。

图2-21　红毛丹果园盛花期放蜂授粉

4. 土壤管理

红毛丹果园的土壤管理主要包括深翻熟化、加厚土层、增加有机质。其目的是改善土壤理化性状、提高肥力，为根系生长环境创造良好环境。而扩穴改土培肥是果园土壤提肥增效的有效方法。

（1）扩穴改土的时间　一般于采果后结合重施有机肥，同时进行扩穴改土。

（2）扩穴改土的方法

①环沟状扩穴改土。在树冠滴水线外开挖深30 cm、宽20 cm、长30 ～ 40 cm相对的2条沟，年施有机肥20 ～ 30 kg，能结合施复合肥0.2 ～ 0.3 kg和钙镁磷肥0.1 kg，有机肥等和土壤充分混匀后回填。次年在未开沟处再相对开2条沟，年施有机肥30 ～ 40 kg、复合肥0.3 ～ 0.4 kg，逐年轮换进行，可取得好的效果。

②行间扩穴改土。对于平地果园，一般采用行间深翻扩穴改土，在每两行果树间开沟，第一次在两行果树间扩穴深翻作业，第二次再扩穴深翻另外两行果树间的土壤。两行果树间开挖深30 ～ 40 cm、宽40 ～ 50 cm（视果树行间距大小而调整）的沟，年施有

机肥40 ~ 60 kg，能结合施复合肥0.4 ~ 0.6 kg和钙镁磷肥0.2 kg，有机肥等和土壤充分混匀后回填。次年再深翻另外两面的土壤。

③株间扩穴改土。两株果树间进行穴改土，第一次深翻作业时先翻果树相对两面土壤，第二次再深翻另外两面的土壤，整个深翻改土作业分两次进行。对面深翻一次性投工较少，还能避免伤根。在两株果树间开挖深30 ~ 40 cm、宽40 ~ 50 cm、长60 ~ 80 cm（视果树行间距大小而调整）的沟，年施有机肥40 ~ 60 kg，能结合施复合肥0.4 ~ 0.6 kg和钙镁磷肥0.2 kg，有机肥等和土壤充分混匀后回填。次年再深翻另外两面的土壤。

5. 杂草防控

（1）果园间作抑制杂草　在红毛丹园可间种花生、假花生、柱花草、绿肥等作物，并以抑制杂草生长。

（2）定期割草还田　树冠下树盘内的杂草平时要清理，或者用地布覆盖以防止杂草生长。果园的杂草用割草机定期割除粉碎还田，注意要在杂草种子成熟前进行割草还田，一方面增加果园有机质，也可保持园区水土，并调节湿度。

第七节　采　　收

一、成熟判断

1. 果实色泽判断

当红果品种果实呈红色、深红色或粉红色，黄果品种果实呈橙黄色时，即可采摘。

2. 季节性判断

在海南红毛丹的主产区保亭，一般果实成熟期在5 ~ 8月。

3. 开花时间判断

红毛丹一般从开花到果实成熟需要90 ~ 150 d。由于各产区的气候等自然环境和品种的差异，红毛丹果实的生育期长短也不尽相同。如由盛花至果熟正常采收，海南保亭需105 ~ 120 d，泰国需90 ~ 120 d，印度尼西亚需90 ~ 100 d，马来西亚需100 ~ 130 d。

4. 口感风味判断

红毛丹果实生长发育过程中，当其风味达到该品种应有的品质特征时，表明果实已经成熟。

二、采收要点

1.采收标准

红毛丹果实充分成熟时，其风味香甜可口。红皮品种的红毛丹果实，成熟时果皮红而刺毛也红透；黄皮品种的红毛丹果实，成熟时果皮黄而刺毛也黄透。因此，要根据不同用途或销售目的地而适时采收：一般作为鲜食果或就地销售的果实，成熟度要达90%左右才能采收；而对于远销的果实，成熟度达80%～90%即可采收。

2.采收时间

红毛丹果实一般在6～10月成熟，成熟果实可在树上挂果1个月左右。采收应在晴天早晨或傍晚进行，中午烈日或雨天一般不宜采收。果穗采收宜于果穗基部与结果母枝交界处剪下。在整个采收过程中，要避免机械损伤和暴晒果实。

三、分级方法

红毛丹果品分级要求见表2-2。

表2-2　红毛丹果品分级要求

项目	等级指标		
	优等品	一等品	二等品
每500 g果实个数	8～12个	12～16个	16～20个
果　面	无病虫害，缺陷面积不超过整个果面积的2%，但不影响果实品质	病虫害和缺陷面积不超过整个果面积的5%，但不影响果实品质	病虫害和缺陷面积不超过整个果面积的10%，但不影响果实品质
色　泽	色彩鲜艳、着色良好	色彩均匀、着色较好	色彩、着色一般
刺　毛	完整	较完整	基本完整
成熟度	90%～95%	85%～90%	80%～85%

四、包装

用于红毛丹果品包装的塑料盒、纸箱、泡沫箱等应同一规格且大小一致，整洁、干燥、牢固、透气、无污染、无异味，内壁无尖突物，无虫蛀、腐烂霉变等，纸箱无受潮、离层现象。塑料盒、纸箱、泡沫箱应符合相关标准的要求。

每一包装上应标明产品名称、产品的标准编号、商标、生产单位（或企业）名称、详细地址、产地、规格、净含量和包装日期等，标志上的字迹应当清晰、完整、准确。

包装标志应符合GB/T 191规定的要求。

第八节　挑选技术

红毛丹的果实呈球形或卵形，果皮表面有龟甲纹并具一凹沟，内藏种子，熟果的颜色呈鲜红色或略带黄色。在选购时要看其外表是否美观，皮色是否鲜红。外表新鲜的果实，品质口感自然鲜美。因此，在选购红毛丹时，要从以下方面挑选。

1. 看颜色

对于红皮的红毛丹品种，要选果皮全红、刺毛上红色略带青色的果是最新鲜的。对于黄皮的品种，果皮黄色而刺毛略带青色的果是最新鲜的。如果是已经发暗、发黑的果实，表明采收后存放时间较长，且不新鲜。

2. 看果面

新鲜红毛丹果实表面颜色均匀，未有黑色斑点，果面没有伤痕，也没有病虫害斑点。相反，不新鲜的红毛丹果实颜色不均匀，果面有或多或少的病虫害斑点或伤痕。

3. 看大小

果实大小均匀、饱满的红毛丹是最好的。挑选时要尽量选大而均匀饱满的果实，捏一捏果实质感明显较硬而结实的比较好。

4. 看果毛

挑选的时候，要挑刺毛细长的红毛丹，表明果实比较成熟。

5. 看手感

摸一摸红毛丹的表面，刺软的比刺硬的好。因为刺软而长的比较成熟，自然成熟的果实会比较甜。

6. 品味道

红毛丹果实成熟时，因品种不同，所表现的口感风味会有不同。一般成熟的果实香甜可口。

第九节　保鲜储藏方法

红毛丹果实因为果皮布满果刺而非常“娇贵”，在其采后储运保鲜中极易出现果皮失水、变质及冷害等问题，常温下红毛丹的新鲜度只有短短的2 ～ 3 d。因此，通常采用以下方法进行保鲜储藏。

1. 留树保鲜

红毛丹留树保鲜，是指红毛丹果实可采成熟后仍然让其留树上保鲜的方法。留树保鲜果实色泽最好，时间能持续1个月左右，缺点是对常年树体开花结果有一定影响。

2. 物理保鲜

物理保鲜包括温度调控（指采后热处理和低温储藏）、气体调控（即人工气调和自发性气调薄膜包装）、辐射处理、真空储藏等。

不同品种红毛丹果实适宜储藏温度范围为8 ～ 12℃，15 ～ 20℃储藏时易发生衰老褐变，0 ～ 5℃储藏时易发生冷害。不同品种红毛丹果实气调储藏条件一般为7%～ 12%二氧化碳和3%～ 5%氧气。红毛丹果实48℃热处理1 min后10℃低温储藏4 d，能有效降低抗坏血酸和花青素损失（图2-22）。

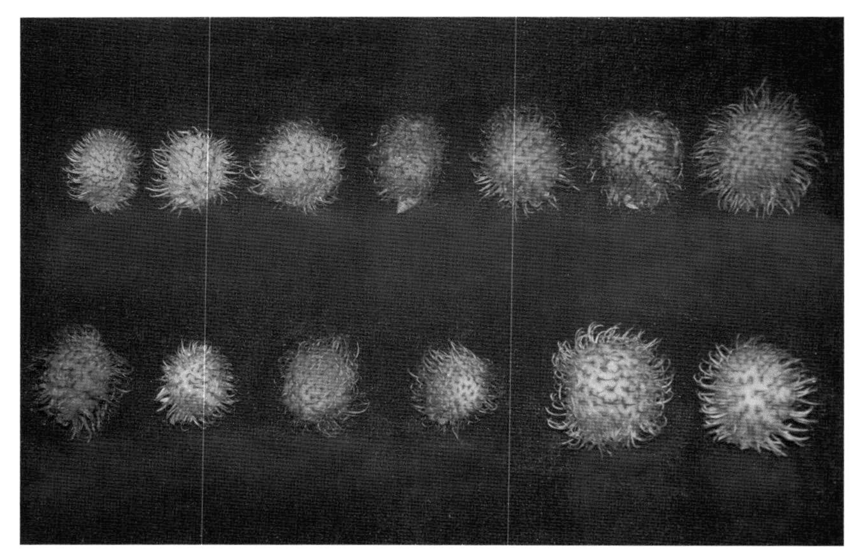

图2-22　红毛丹果实保鲜处理后果面现状

3. 生物保鲜

生物保鲜包括拮抗微生物保鲜和天然植物提取物保鲜，主要是通过微生物（如真菌、细菌或酵母等）的拮抗作用和利用初生、次生代谢产物保持果蔬采后品质。它具有资源丰富，数量多，代谢方式多样，易于规模化发酵且无公害、无抗药性等优点，在果蔬保鲜中应用较多。例如，拮抗细菌悬液浸泡结合13℃低温储藏红毛丹果实至20 d时，发病率大幅度降低。

4. 化学保鲜

化学保鲜是指利用化学物质喷洒、涂抹或浸泡果蔬，通过抑制或杀死表面、周围环境中的微生物，以达到保鲜的目的。因其操作简便，在常温运输和储藏中多运用此法。早期较多使用化学防腐剂，如多菌灵、抑霉唑、扑海因、噻苯咪唑和苯菌灵等杀菌剂，对红毛丹果实采后病害有不同控制效果。

红毛丹果实在家庭中的保鲜原则是：即买即食，不宜久藏。红毛丹在常温下3 d即变色生斑、软刺变黑（图2-23），若量过剩时，可密封于塑胶袋中，放冰箱冷藏，约可保鲜10 d。

图2-23　腐烂的红毛丹果实（袁德保　摄）

第十节　主要病虫害防控

一、主要病害及防控

红毛丹病害目前没有较为系统的报道，已经报道的病害有炭疽病、灰斑病、假尾孢菌叶斑病、蒂腐病、藻斑病和煤烟病等，其中炭疽病、灰斑病、藻斑病和煤烟病较常见。

（一）红毛丹炭疽病

该病是红毛丹幼树的常见病害之一。严重发病时，病叶率可达40%～50%，引起苗期落叶，严重影响幼树的生长发育。危害果实，可引起果实变黑色腐烂，严重影响果实的商品价值。

1. 症状

该病主要危害红毛丹叶片，尤其是幼苗、未结果和初结果的幼树发病特别严重，同时也可以危害幼果和成熟果实。叶片病斑多从叶尖开始，亦有叶缘、叶内发生的。初在叶尖出现黄褐色小病斑，随后向叶基部扩展，严重时病斑占据整个叶片的1/2以上，病斑变为灰褐色。病区与健区边界分明。前期叶面和叶背均为深褐色，后期病部叶面灰色、叶背仍为褐色。叶缘或叶内发病的则呈椭圆形或不规则的病斑（图2-24）。潮湿时，叶背病部产生黑色小粒点。严重时，病叶向内纵卷，易脱落。危害果实时，先出现黄褐色小点，后呈深褐色至黑褐色，水渍状，后期病部生黑色小点，引起幼果脱落或成熟果实变黑腐烂。

图2-24 红毛丹炭疽病症状（谢昌平 摄）

2. 病原

该病的病原无性阶段为半知菌类、腔孢纲、黑盘孢目、炭疽菌属的胶孢炭疽菌复合种（*Colletotrichum gloeosporiodes* species complex），有性阶段为子囊菌门的小丛壳菌（*Glomerella cingulata*）。有性阶段在田间很少发现。

病菌在PDA培养基上白色，气生菌丝发达（图2-25 A）。分生孢子盘生于病部表皮下，成熟时突破表皮。分生孢子梗圆柱形，密集排列，无色。分生孢子大小为（3.4 ~ 4.2）μm×（18 ~ 25）μm，无色，单胞，长椭圆形，两端短圆钝或一端稍尖，内含1 ~ 2个油球（图2-25 B）。

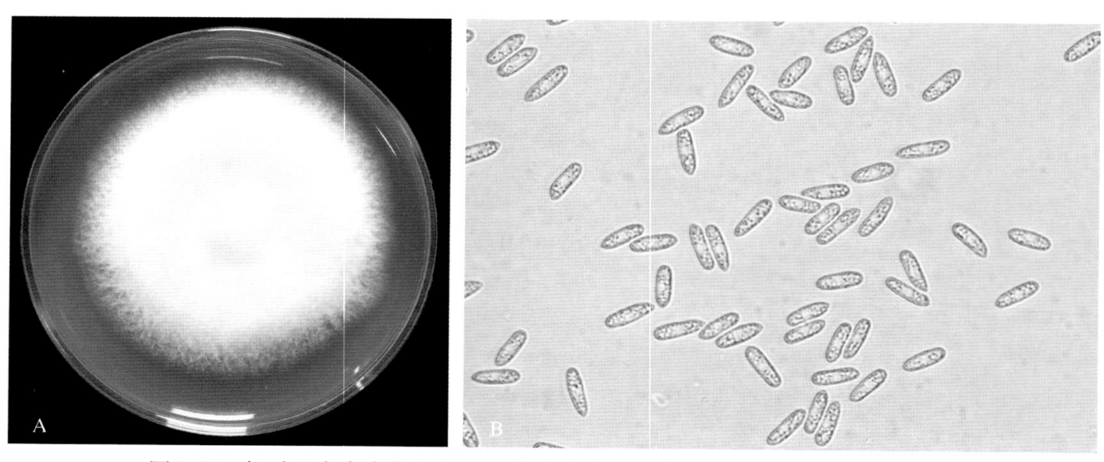

图2-25 红毛丹炭疽病病菌在PDA培养基上的菌落和分生孢子（谢昌平 摄）
A.PDA培养基上的菌落 B.分生孢子

3.发病规律

病菌以菌丝体和分生孢子盘在树上和落在地面的病叶上越冬。翌年春天在适宜的气候条件下，分生孢子借助风雨和昆虫等传播到幼嫩的植物组织上，萌发产生附着胞和侵染丝，从寄主伤口或直接穿透表皮侵入寄主；在天气潮湿时，病斑上又产生大量的分生孢子，继续辗转传播，使病害不断地扩大、蔓延。该病一般在4月中旬至10月上中旬发生。

一般苗木幼树比大树老树更易于发病。而以嫩叶和幼果的发病往往较其他部位要严重。在高温、高湿、多雨条件下最易发病。一般暴风雨、台风和介壳虫等害虫严重发生时易造成大量伤口，有利于病菌的传播侵染发病。此外，果园栽培管理粗放、土质浅薄贫瘠、虫害多等因素造成树势衰弱，病害往往较重。

4.防控措施

①加强栽培管理。注意深翻改土，增施磷钾肥和有机肥，以增强树势，提高植株的抗病性，尤其对苗木和幼树更需要提高水肥管理技术，及时合理修剪整形，促进良好树冠的形成。

②减少侵染来源。冬季彻底清园，剪除病叶、枯梢，集中烧毁。并喷洒杀菌剂进行防治。

③化学防治。叶片展开但还未转绿时，就应该抓紧喷药，可选用下列农药：50%苯来特可湿性粉剂1 000倍液，或70%甲基硫菌灵硫菌灵可湿性粉剂1 000倍液，或40%多菌灵可湿性粉剂1 000倍液，或10%苯醚甲环唑水分散粒剂1 000 ～ 1 500倍液等。每隔7 ～ 10 d喷一次，连续2 ～ 3次。

（二）红毛丹灰斑病

1.症状

该病多发生于红毛丹老叶或成叶上。病斑多从叶尖、叶缘开始发生，发病初期叶片上产生灰褐色的圆形或椭圆形病斑，以后逐渐扩大，常多个病斑愈合后形成不规则的病斑，后期病斑变为灰白色，叶片两面常散生或聚生许多小黑点，即为病原菌的分生孢子盘（图2-26）。

2.病原

该病的病原为半知菌类、腔孢纲的拟盘多毛孢属（*Pestalotiopsis* sp.）。病菌在PDA培养基上的菌落为灰白色，圆形，菌落表面呈有层次的波浪形，后期中央出现银灰色孢子堆（图2-27 A）。菌丝纠集成棉絮团状，子实体较小，比较坚硬，镶嵌于培养基中，菌落背面黑色。分生孢子5个细胞，直或略弯曲，纺锤形，分生孢子大小（10.0 ～ 14.7）μm×（2.8 ～ 3.9）μm，中间3个细胞同为褐色，色胞长8.0 ～ 10.5μm；顶部细胞与基部细胞无色，圆锥状，具2 ～ 3根顶端附属丝，无色；基部细胞末端渐尖，有1根尾端附属丝（图2-27 B）。

图2-26　红毛丹灰斑病症状（谢昌平　摄）

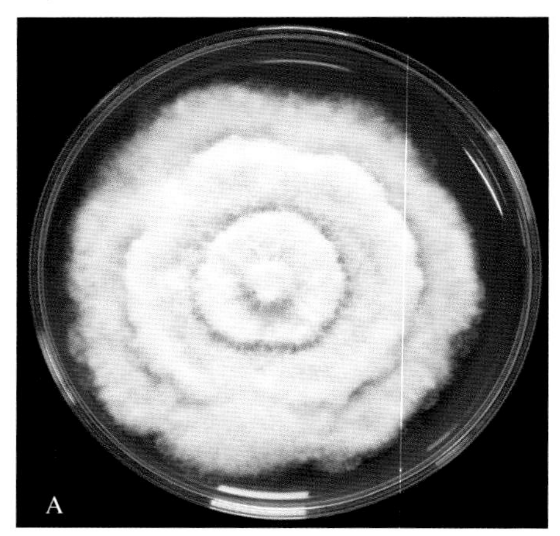

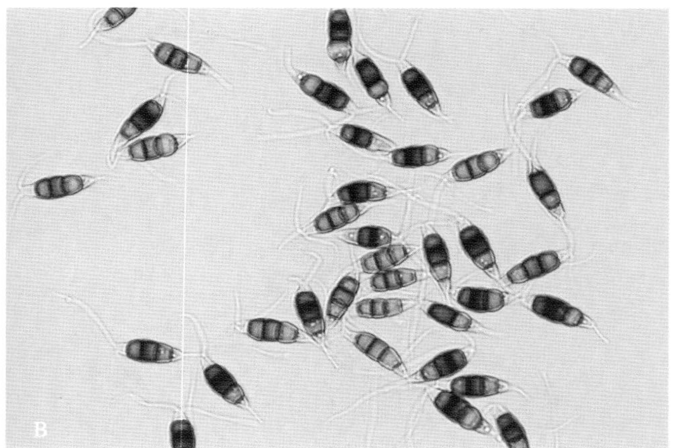

图2-27　红毛丹灰斑病病菌在PDA培养基上的菌落和分生孢子（谢昌平　摄）
A.PDA培养基上的菌落　B.分生孢子

3. 发病规律

病菌以分生孢子盘、分生孢子、菌丝体在病叶或病残体上越冬。翌年越冬病原菌的分生孢子、菌丝体和分生孢子盘上新产生的分生孢子通过雨水、风雨进行传播，发生初次侵染。潜育一段时间后，在成熟叶片上产生病斑，重复侵染。

4. 防控措施

①加强果园管理，特别是春、夏、秋三次嫩梢抽生至生长期更要加强管理。
②减少侵染来源。冬季彻底清园，剪除病叶、枯梢，集中烧毁。并喷洒杀菌剂进行防治。

③化学防治。可用以下药剂防治：50%多菌灵可湿性粉剂800 ~ 1 000倍液，或70%甲基硫菌灵可湿性粉剂800 ~ 1 000倍液，或75%百菌清可湿性粉剂500 ~ 800倍液。

（三）红毛丹蒂腐病

1.症状

一般在红毛丹果实收获后4 ~ 5 d观察到发病症状，多发生在果实的果蒂部。发病初期在果蒂附近病部产生暗褐色不规则形的病斑，随着病害的进一步发展，果蒂部位呈现黑褐色，其上产生灰褐色至黑褐色的霉层。果皮变黑色，皱缩，果毛变黑变软。果肉变软腐烂，挤压流褐色汁液。后期在霉层部位会产生大量黑色的硬质粒状物，这是病菌的子座。

2.病原

该病的病原为半知菌类、腔孢纲、球壳孢目、球二孢属的可可球二孢菌（*Botryodiplodia theobromae*）。病菌在PDA平板培养基上的菌落初为灰白色，后变为灰褐色至褐黑色，全光条件下15 ~ 20 d产生黑色近球状子实体，子座表面附满菌丝。一个子座内有多个分生孢子器，分生孢子器近球形，（180.0 ~ 318.9）μm×（157.0 ~ 436.0）μm。未成熟的分生孢子单细胞，无色；成熟的分生孢子双细胞，褐色至黑色，表面有纵条纹，大小为22.1μm×12.9μm。

3.发病规律

病菌以菌丝体或子座、分生孢子器在枯枝或树皮上越冬，或以菌丝体潜伏在寄主体内越冬。翌年环境条件适宜时，分生孢子自分生孢子器涌出，经雨水溅射或昆虫活动进行传播，潜伏在果实上，待果实近成熟或成熟时即可表现出症状。病害的发生与采收前的气候条件、采收方式、储藏条件等有着密切关系。采收前25 ~ 35℃有利于该病害的发生。结果期台风暴雨频繁的季节，台风极易扭伤果柄或擦伤果皮，病原分生孢子易从伤口侵入，则发病往往较重。采收和储运过程中，机械损伤多或虫伤多时易于发病。在25 ~ 35℃的环境条件下，果实发病较多且严重；当储藏温度为13℃时，则发病率明显降低。

4.防控措施

①搞好果园卫生，减少初侵染源。果园修剪后应及时把枯枝烂叶清除，修剪时应尽量贴近枝条分枝处剪下，避免枝条回枯。

②采后药剂处理。果实采后处理可考虑结合炭疽病的防治进行，采用45%特克多悬浮剂500倍液或45%咪鲜胺乳油500 ~ 1 000倍液浸果处理2 ~ 5 min，这对降低蒂腐病的病果率有一定作用。

③低温储藏。将采收处理后的果实置于10 ~ 13℃储藏，也可减轻病害的发生和发展。

（四）红毛丹藻斑病

1. 症状

病斑常见于树冠的中下部枝叶。发病初期叶片出现褪绿色近圆形透明斑点，然后逐渐向四周扩散，病斑上产生橙黄色的绒毛状物。后期病斑中央变为灰白色，周围变为红褐色，严重影响叶片的光合作用。病斑在叶片的分布往往主脉两侧多于叶缘。

2. 病原

该病的病原为绿藻门、头孢藻属的绿色头孢藻（*Cephaleuros virsens* Kunze）。在叶片形成橙黄色的绒毛状物包括孢囊梗和孢子囊。孢囊梗黄褐色，粗壮，具有分隔，顶端膨大成球形或半球形，其上着生弯曲或直的浅色的8 ~ 12个孢囊小梗，梗长274 ~ 452μm；每个孢囊小梗的顶端产生一个近球形、黄色的孢子囊，大小为（14.5 ~ 20.3）μm×（16 ~ 23.5）μm。成熟后孢子囊脱落，遇水萌发释放出具2 ~ 4根鞭毛、无色、薄壁的椭圆形游动孢子。

3. 发病规律

病原以丝状营养体和孢子囊在病枝叶和落叶上越冬，在春季温度和湿度环境条件适宜时，营养体产生孢囊梗和孢子囊。成熟的孢子囊或越冬的孢子囊遇水萌发释放出大量游动孢子，借助风雨进行传播，萌发芽管从红毛丹叶片气孔侵入，形成自中心点呈辐射状的绒毛状物。病部能继续产生孢囊梗和孢子囊，进行再侵染。病害的发生与气候条件、栽培管理有着密切关系。温暖、潮湿的气候条件有利于病害的发生。当叶片上有水膜时，有利于游动孢子从气孔侵入，同时降雨有利于游动孢子的侵染。病害的初发期多在雨季开始阶段，雨季结束往往是发病的高峰期。果园土壤贫瘠、杂草丛生、地势低洼、阴湿或过度郁闭、通风透光不良，以及生长衰弱的老树、树冠下的老叶，均有利于发病。

4. 防控措施

①加强果园管理。合理施肥，增施有机肥，提高植株抗病性；适度修剪，增加通风透光性；搞好果园的排水系统；及时控制果园杂草。

②降低侵染来源。清除果园的病老叶或病落叶。

③药剂防治。在病斑灰绿色、尚未形成游动孢子时，喷30%氧氯化铜悬浮剂600倍液，或0.3波美度的石硫合剂，或77%可杀得可湿性粉剂600 ~ 800倍液。

（五）红毛丹煤烟病

1. 症状

该病主要危害红毛丹叶片和果实。在叶片和果实表面覆盖一层黑色煤烟层，故称煤

烟病。这些煤烟层容易脱落，严重时整个叶片和果实均被菌丝体（煤烟）所覆盖。该病影响叶片的光合作用和果实的外观和商品价值。

2. 病原

该病的病原无性阶段为半知菌类、丝孢纲、丝孢目的枝孢属（*Cladosporium* sp.），有性阶段为子囊菌门、座囊菌纲、煤炱目的煤炱属（*Capnodium* sp.）。

枝孢属在PDA培养基上菌落正面呈橄榄色至深褐色，表面绒毛状，背面墨绿色（图2-28 A）；菌丝分枝，浅褐色，光滑；分生孢子梗竖直，有隔膜，稍有分枝；合轴式延伸产孢；分生孢子链生，分枝，多数浅绿褐色，呈柠檬形或椭圆形，单胞多，双胞少，大小（3.5 ~ 6.5）μm × (2.0 ~ 3.0)μm。枝状分生孢子大小（7.0 ~ 25.0)μm × (2.5 ~ 4.0) μm（图2-28 B）。

煤炱属菌丝体均为暗褐色，着生于寄主表面。子囊座球形或扁球形，表面生刚毛，有孔口，直径110 ~ 150 μm。子囊长卵形或棍棒形，（60 ~ 80）μm×（12 ~ 20）μm，内含8个子囊孢子。子囊孢子长椭圆形，褐色，有纵横隔膜，砖隔状，一般有3个横隔膜，（20 ~ 25）μm×（6 ~ 8）μm。分生孢子有两种类型，一种是由菌丝缢缩成连珠状再分隔而成的，另一种是产生在圆筒形至棍棒形的分生孢子器内。

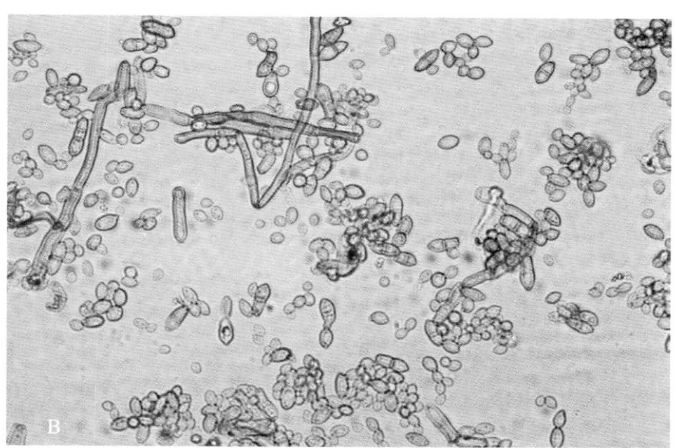

图2-28 红毛丹煤烟病菌在PDA培养基上的菌落和分生孢子（谢昌平 摄）
A. PDA培养基上的菌落 B. 分生孢子

3. 发病规律

病原菌的菌丝体、分生孢子、子囊孢子都能越冬，成为翌年初侵染来源。当枝、叶的表面有介壳虫等半翅目害虫的分泌物时，病菌即可在上面生长发育。菌丝体、子囊孢子和分生孢子借风雨、昆虫传播，进行重复侵染。由于病原菌主要依靠介壳虫等害虫分泌的蜜露为营养，因此害虫的分泌物越多，该病也越严重。

4. 防控措施

①农业防治。加强果园的管理，合理修剪，使果园通风透光，可减少蚜虫、介壳虫等害虫的危害。

②喷药防虫。由于多数病原菌以介壳虫等害虫分泌的蜜露为营养，因此防治蚜虫、介壳虫等害虫是防控该病害的重要措施。

③喷药防菌。在发病初期，喷0.5%石灰半量式波尔多液或0.3波美度石硫合剂；发病后选用75%百菌清可湿性粉剂800 ～ 1 000倍液或75%多菌灵可湿性粉剂500 ～ 800倍液、40%灭病威可湿性粉剂600 ～ 800倍液等药剂，可减少煤烟病菌的生长。

二、主要害虫及防控

危害红毛丹的害虫有30多种，可归属为蚧类、象甲类、蜻类、蜡蝉类、蓑蛾类、实蝇类等。它们咬食红毛丹的叶片，刺吸嫩枝、嫩叶、花穗、果实的汁液，影响红毛丹的生长，造成产量损失。现分别介绍如下。

（一）蚧类害虫

1. 危害概况

危害红毛丹的蚧类害虫属半翅目，重要种类有绵蚧科的吹绵蚧(*Icerya purchasi*)、蜡蚧科的红蜡蚧(*Ceroplastes rubens*)、粉蚧科的腺刺粉蚧（*Ferrisia virgata*）和新菠萝灰粉蚧（*Dysmicoccus neobrevipes*）等。蚧类害虫以若虫和雌成虫在红毛丹的叶芽、嫩芽、新梢上刺吸汁液危害，发生严重时，造成嫩叶皱缩、嫩梢枯萎，影响长势。

2. 常见种类

（1）吹绵蚧

雌成虫　椭圆形或长椭圆形，橘红色或暗红色。体表面生有黑色短毛，背面被有白色蜡粉并向上隆起，腹面则平坦。触角黑褐色，位于虫体腹面头前端两侧，触角11节，第1节宽大，第2和第3节粗长，从第4节开始直至第10节皆呈念珠状，每节生有若干细毛，第11节较长，其上细毛也较多。有3对胸足，胫节黑色，稍有弯曲。腹气门2对，1腹裂，3个。虫体上的刺毛沿虫体边缘形成明显的毛群。雌成虫初期无卵囊，发育到产卵期才逐渐形成白色半卵形的卵囊，卵囊与虫体腹部约以45°角向后伸出，囊背有纵沟约5条。

雄成虫　细长形，暗红色，口器退化。胸部有灰黑色前翅1对，后翅退化。

（2）红蜡蚧

雌成虫　椭圆形，背面覆盖暗红色至紫红色的蜡壳。蜡壳长约4 mm，高约2.5 mm，顶部凹陷，形似脐状。有4条白色蜡带，从腹面卷向背面。虫体紫红色，触角6节，第3

节最长。

雄成虫 体长1 mm，暗红色。前翅1对，白色半透明，翅展2.4 mm；后翅退化。

卵 椭圆形，长0.3 mm，两端稍细，淡红至淡红褐色，有光泽。

若虫 初孵时椭圆形，扁平，长0.4 mm，淡褐色或暗红色，腹端有2长毛；2龄若虫体稍突起，暗红色，体表被白色蜡质；3龄若虫蜡质增厚，触角6节，触角和足颜色较淡。

蛹 长形，蜡壳暗红色。蛹体长1.2 mm，淡黄色。茧椭圆形，暗红色，长1.5 mm。

（3）腺刺粉蚧

雌成虫 体黄绿色至灰色，卵圆形，触角8节，体长2.5 ～ 3.0 mm，宽1.5 ～ 2.0 mm，体表覆盖白色颗粒状蜡质分泌物，背部具2条深灰色至黑色竖纹，尾端具2根粗蜡丝（长约为虫体的一半）和数根细蜡丝。

雄成虫 高度硬化，深灰色，触角10节，有翅，透明。

若虫 1龄和2龄呈淡黄色，触角6节，3龄触角7节。

（4）新菠萝灰粉蚧

雌成虫 体长2.5 ～ 4.5 mm，宽1.5 ～ 2.0 mm；虫体呈椭圆形，灰白色，体外被白色蜡粉覆盖，体周缘有17对蜡丝。触角8节；尾瓣腹面有长方形的硬化区；第7腹节背面中脊两侧的刚毛较短，肛环前无背毛。

雄成虫 较细长，体长约1.0 mm，触角10节，有1对具有金属光泽的翅。

若虫 体呈淡黄色至淡红色，触角及足发达，活泼。1龄体长约0.5 mm；2龄体长1.1 ～ 1.3 mm，此龄便可产生白色蜡粉；3龄体长约2.1 mm。

3. 发生规律

吹绵蚧每年发生世代数因地而异，南方地区通常1年发生3 ～ 4代，卵期14 ～ 26 d。若虫5月上旬至6月下旬发生，若虫期49 ～ 54 d。成虫发生于6月中旬至10月上旬，7月中旬最盛，产卵期达31 d，每个雌成虫产卵200 ～ 679粒。

红蜡蚧1年发生1代，5月下旬至6月上旬为越冬雌虫产卵盛期。越冬雌虫产卵于体下，产卵期可长达1个月。每个雌成虫可产卵200 ～ 500粒。虫卵孵化盛期在6月中旬，初孵若虫多在晴天中午爬离母体，后陆续固着在枝叶上危害。

腺刺粉蚧1年发生3 ～ 5代，两性卵生生殖。雌成虫产卵在由蜡状细丝制成的“垫”上，1龄若虫在几小时内孵化。

新菠萝灰粉蚧1年发生5代，每个世代为27 ～ 34 d，孤雌生殖，世代重叠，没有明显的休眠期。南方每年8月以后到翌年4月的温度有利于该虫生长发育，成虫高峰主要出现在3 ～ 4月和11 ～ 12月。

4. 防控措施

①农业防治。一是加强水肥管理，增强树势，增强植株抗虫害能力。二是结合果树修剪，剪除密集的阴生枝、弱枝和受害严重的枝。三是将剪下的有虫枝条放在空地上，

待天敌飞出后再烧毁。

②生物防治。保护和利用蚧类的天敌，如红缘瓢虫、黑缘红瓢虫和红点唇瓢虫等，以发挥其自然控制蚧类的作用。

③化学防治。在卵孵化高峰期喷洒如下药剂：40%啶虫脒·毒死蜱1 500 ~ 2 000倍液，或5.7%甲氨基阿维菌素苯甲酸盐乳油2 000倍液，或5%吡虫啉乳油1 000倍液，或30号机油乳剂30 ~ 40倍液，7 ~ 10 d后再喷1次。

（二）蜡蝉类害虫

1. 危害概况

危害红毛丹的蜡蝉类害虫有半翅目蛾蜡蝉科的白蛾蜡蝉（*Lawana imitata*）、青蛾蜡蝉（*Salurnis marginella*）等。它们以成虫和若虫吸食枝条和嫩梢的汁液，使其生长不良，叶片萎缩，造成树势衰弱，严重者可使枝条干枯。其排泄物可引起煤污病。

2. 常见种类

（1）白蛾蜡蝉

成虫　体长19 ~ 21 mm，翅展43 mm，全体黄白色，被白色蜡粉。头尖，触角刚毛状，复眼圆形、黑褐色。中胸背板上具3条纵脊。前翅略呈三角形，粉绿或黄白色，具蜡光，翅脉密布呈网状，翅外缘平直，臀角尖而突出。径脉和臀脉中段黄色。后翅白或淡黄色，半透明。

卵　长椭圆形，淡黄白色，表面具细网纹。

若虫　体长8 mm，白色，稍扁平，全体布满絮状蜡质物，翅芽末端平截，腹末有成束蜡丝。

（2）青蛾蜡蝉

成虫　体长5 ~ 6 mm，翅展15 ~ 17 mm，全体黄绿色至绿色。前翅近长方形、黄绿色至绿色，前缘、后缘和外缘均深褐色，后缘离外缘1/3处有一深褐色斑点，翅脉丰富、呈网状、红褐色。后翅扇形，乳白带淡绿色、半透明。复眼紫褐色；触角芒状，基部2节较大；足3对,淡黄绿色；中胸背板上有4条赤褐色纵纹。静止时呈屋脊状，能弹跳飞翔。

卵　淡绿色，长1.3 mm，短香蕉形，一端略大。卵多产在秋梢嫩茎皮层内。

若虫　复眼、触角、足、中胸背板同成虫。初孵若虫淡绿色、长约1.3 mm，老熟若虫体长4 ~ 5 mm，虫体分泌白色絮状物。多在嫩茎上取食，在叶背蜕皮，一生蜕皮4次。腹末具有2束丝状白色蜡质长毛。有弹跳的习性。

3. 发生规律

白蛾蜡蝉在南方1年发生2代，以成虫在茂密的枝叶间越冬。翌年2 ~ 3月天气转暖后，越冬成虫开始活动，取食交配，产卵于嫩枝、叶柄组织中。3月中旬至6月上旬为第1代卵发生期，6月上旬始见第1代成虫，7月上旬至9月下旬为第2代卵发生期，11月所

有若虫几乎均发育为成虫，随着气温下降成虫转移到寄主茂密枝叶间越冬。

青蛾蜡蝉在南方1年发生2代，越冬代成虫在2 ~ 3月天气转暖后开始取食、交尾、产卵等活动，卵产在枝条、叶柄皮层中，卵粒纵列成长条块，产卵处稍微隆起，表面呈枯褐色。第1代卵孵化盛期在3月下旬至4月中旬；成虫盛发期5 ~ 6月。第2代卵孵化盛期于7 ~ 8月；9 ~ 10月陆续出现成虫，9月中下旬为第2代成虫羽化盛期，至11月所有若虫几乎均发育为成虫，然后移到寄主茂密枝叶间越冬。

4. 防控措施

①农业防治。加强秋、冬季管理，剪除着卵枯枝，并烧毁。

②保护天敌。保护蜘蛛、猎蝽、螳螂等天敌。

③药剂防治。常用农药及使用浓度如下：10%吡虫啉可湿性粉剂2 000 ~ 3 000倍液，或者1%甲氨基阿维菌素苯甲酸盐，或者25%吡蚜酮可湿性粉剂1 000倍液喷雾。

（三）蝽类害虫

1. 危害概况

危害红毛丹的蝽类害虫有半翅目荔蝽科的荔枝蝽（*Tessaratoma papillosa*）、盲蝽科的茶角盲蝽（*Helopeltis theivora*）等。它们均能以成虫和若虫刺吸寄主幼嫩组织汁液，使被害后的嫩梢或幼果凋萎、皱缩、干枯，对被害植株的生长和产量造成重大影响。

2. 常见种类

（1）荔枝蝽

成虫　体盾形，黄褐色，长24 ~ 28 mm。触角4节，黑褐色。前胸向前下方倾斜；胸部被白色蜡粉，臭腺开口于后胸侧板近前方处。腹部背面红色，雌虫腹部第7节腹面中央有1个纵缝因而分成2片。

卵　常聚成块。近圆球形，初产时淡绿色，少数淡黄色，近孵化时紫红色。

若虫　1龄长椭圆形，体色自红至深蓝色，腹部中央及外缘深蓝色，臭腺开口于腹部背面。2 ~ 5龄体呈长方形。2龄体长约8 mm，橙红色；头部、触角及前胸、腹部背面外缘为深蓝色；腹部背面有深蓝纹2条，自末节中央分别向外斜向前方。3龄体长10 ~ 12 mm、4龄体长14 ~ 16 mm，色泽同2龄。5龄体长18 ~ 20 mm，色泽略浅，中胸背面两侧翅芽伸达第3腹节中间。

（2）茶角盲蝽

成虫　雌虫体长均7.5 mm，雄虫体长5 ~ 6 mm，体有黄绿色、黄色或黄褐色等各种体色变化。具有黑褐色斑点。复眼突出，触角细长，为体长的2倍。中胸小盾片后方具一竖立而略向后弯曲的杆状突起，其端部膨大。翅半透明。足黄褐色，散生大小不等的黑褐色斑点。雌虫前胸背板橙黄色，后缘有三角形斑纹，雄虫前胸背板黑色。

卵　初产时乳白色，孵化前为黄褐色。近圆筒形，下端钝圆，上端稍扁平，中间略弯曲，卵盖的两侧附有两根附属丝。

若虫　成熟若虫体长4 ~ 5 mm，淡褐色，复眼赤色，触角、小盾片突起和足黄褐色，并具黑褐色斑点。若虫期各龄大小及颜色的变化较大。

3. 发生规律

荔枝蝽1年发生1代，以成虫在树上浓郁的叶丛或老叶背面越冬。翌年2月底至3月初恢复活动，产卵于叶背。3 ~ 4月若虫盛发危害。有假死习性，5月可羽化为成虫。若虫和成虫如遇惊扰会射出臭液自卫，臭液沾及嫩梢、幼果，接触部位会变为焦褐色。

茶角盲蝽在海南1年发生10 ~ 12代，世代重叠，无越冬现象。每年发生高峰期因作物而异。1世代历期21 ~ 97 d：成虫期平均30 d，卵期平均8 d，若虫期平均14 d。

4. 防控措施

①农业防治。砍矮果园内杂草，以减少该类害虫的寄主食料。

②生物防治。野外的主要天敌有蜘蛛、蚂蚁、胡蜂、鸟、青蛙、蟾蜍等，寄生性天敌主要为小黑卵蜂，注意保护和利用。

③化学防治。若虫盛发高峰期，可用10%吡虫啉可湿性粉剂1 500倍液，或10%阿维菌素水分散剂1 500倍液，或2.5%溴氰菊酯乳油2 000倍液喷雾。每15 ~ 20 d喷1次，轮换用药。

（四）橘小实蝇

1. 危害概况

橘小实蝇（*Bactrocera dorsalis*）属双翅目实蝇科，又称东方果实蝇。以幼虫在红毛丹果内取食危害，常使果实未熟先脱落，严重影响产量和品质。我国已将橘小实蝇列为检疫对象。

2. 形态特征

成虫　体长7 ~ 8 mm，翅透明，翅脉黄褐色，有三角形翅痣。全体深黑色和黄色相间。胸部背面大部分为黑色，但黄色的U形斑纹十分明显。腹部黄色，第1节和第2节背面各有1条黑色横带，从第3节开始中央有1条黑色的纵带直抵腹端，构成一个明显的T形斑纹。雌虫产卵管发达，由3节组成。

卵　梭形，长约1 mm，宽约0.1 mm，乳白色。

幼虫　蛆形，老熟时体长约10 mm，黄白色。

蛹　围蛹，长约5 mm，全身黄褐色。

3. 发生规律

橘小实蝇在华南地区每年发生9 ~ 12代，无明显的越冬现象，田间世代重叠。成虫羽化后需要经历10 ～ 90 d才能交配产卵。卵产于将近成熟的果皮内，每处5 ～ 10粒不等。每头雌虫产卵量400 ～ 1 000粒。卵期1 ～ 6 d。幼虫期7 ～ 20 d。幼虫在果实中取食果肉并发育成长，幼虫成熟后从果实中外出并进入深度3 ～ 7 cm的土中化蛹，蛹期8 ～ 20 d。成虫在土壤中羽化外出。

4.防控措施

①严格检疫。防止幼虫随果实或蛹随园土传播。如果发现水果携带该虫，即应销毁处理。

②人工防治。一是捡拾虫害落果，摘除树上的虫害果深埋处理（20 cm以下）或投入粪池沤浸。二是果实套袋。果实尚未开始进入成熟期以前套上不影响果实品质的袋状材料，防止橘小实蝇前来产卵。

③诱杀成虫。一是用橘小实蝇雄性引诱剂(甲基丁香酚，简称Me)。将其用棉芯吸收后置于一种诱捕器内，诱捕器悬挂在1.5 m左右高的果树枝条上。二是用水解蛋白毒饵。取酵母蛋白、90%敌百虫、水按1 ： 3 ： 500的比例配制，在成虫发生期喷洒树冠。

④有条件的果园可释放不育实蝇。将雄性不育成虫释放到果园，使其与果园中的雌性实蝇成虫交配，交配后的雌蝇产的卵无孵化能力，不能繁殖后代，从而使果园实蝇的发生数量得到控制。

⑤化学防治。一是在90%敌百虫的1 000倍液中，加3%红糖制成毒饵喷洒树冠浓密荫蔽处，隔5 d喷1次，连续3 ～ 4次。二是于幼虫入土化蛹或成虫羽化的始盛期，在树冠下用5%辛硫磷颗粒剂或10%二嗪磷颗粒剂撒施地面，或用50%二嗪农乳油1 000倍液喷洒树冠下地面，每隔7 d左右1次，连续2 ～ 3次。

（五）卷蛾类害虫

1.危害概况

卷蛾类害虫属鳞翅目卷蛾科，常见种类有三角新小卷蛾（*Olethreutes leucaspis*）、拟小黄卷蛾（*Adoxophyes cyrtosema*）等。以幼虫危害红毛丹的幼叶和花穗。幼虫吐丝将嫩叶、花器结缀成团或将三五叶片牵结成束，躲在其中危害。植株受害严重时，幼叶残缺破碎，花器枯死脱落。

2.常见种类

（1）三角新小卷蛾

成虫　体长7 ～ 7.5 mm，翅展17 ～ 18 mm。雌雄成虫的触角均为丝状，黑褐色，基部较粗。前翅在前缘约2/3处有1个淡黄色三角形斑。后翅前缘从基角至中部灰白色，其余为灰黑褐色。

卵　长椭圆形，长0.52 ～ 0.55 mm，宽0.25 ～ 0.3 mm，正面中央稍拱起，卵表有近正六边形的刻纹。初产时乳白色，将孵化时呈黄白色。

幼虫　初孵时体长约1 mm，头黑色，胸、腹部淡黄白色。2龄起头呈黄绿或淡黄色，胸部淡黄绿色。老熟幼虫至预蛹期灰褐或黑褐色。头部单眼区黑褐色，两后颊下方各有1个近长方形的黑色斑块。前胸背上有12根刚毛，中线淡白色。气门近圆形，周缘黑褐色。

蛹　长8 ~ 8.5 mm，宽2.3 ~ 2.5 mm，初蛹时全体淡黄绿色，复眼淡红色，第9 ~ 10腹节橘红色。中期头橘红色，复眼、中胸盾片漆黑色，翅芽和腹部黄褐至红褐色。

（2）拟小黄卷蛾

成虫　体黄色，长7 ~ 8 mm，翅展17 ~ 18 mm。头部有黄褐色鳞毛，下唇须发达，向前伸出。雌虫前翅前缘近肩角1/3处有较粗而浓黑褐色斜纹横向后缘中后方，在顶角处有浓黑褐色近三角形的斑。雄虫前翅后缘近肩角处有宽阔的近方形黑纹，两翅相合时成为六角形的斑点。后翅淡黄色，肩角及外缘附近白色。

卵　椭圆形，淡黄色，排列如鱼鳞状，上覆有胶质薄膜。椭圆形，纵径0.8 ~ 0.85 mm，横径0.55 ~ 0.65 mm，初产时淡黄色，后渐变为深黄色，孵化前变为黑色。卵聚集成块，呈鱼鳞状排列。卵块椭圆形，上方覆盖胶质薄膜。

幼虫　初孵时体长约1.5 mm，末龄体长11 ~ 18 mm。头部除1龄幼虫为黑色外，其余各龄皆为黄色。前胸背板淡黄色，3对胸足淡黄褐色，其余黄绿色。

蛹　黄褐色，纺锤形，长约9 mm。雄蛹略小。第10腹节末端具8根卷丝状钩刺。

3. 发生规律

三角新小卷蛾第1代发生于1 ~ 4月；从4月下旬至11月上中旬发生的各世代，历期短，数量大，危害重。5 ~ 11月，卵期3 ~ 4 d，幼虫期10 ~ 16 d，蛹期7 ~ 13 d。从孵化幼虫至羽化成虫历期最长32 d。11月中旬至翌年3月中旬，世代历期较长，幼虫期25 ~ 41 d，蛹期19 ~ 39 d，成虫6 ~ 15 d。

拟小黄卷蛾在6月上旬至7月下旬时虫口数量呈下降趋势，至8月时很少看到幼虫；9月上旬至12月上旬幼虫数量开始回升，在10月中旬和11月中旬各达到一次高峰，11月下旬虫口开始下降；12月中旬至翌年5月下旬，虫口再次回升。

4. 防控措施

①农业防治。控制冬梢，剪除幼虫越冬寄生植物的嫩梢，减少越冬虫源。

②生物防治。受卷蛾危害严重的地区，最好于卷蛾卵期释放松毛虫赤眼蜂2 ~ 3批，每次每树放蜂1 000 ~ 2 000头。

③化学防治。在盛花前或谢花后幼虫盛孵期大量低龄幼虫出现时，选用20%杀灭菊酯3 000倍液或2.5%高效氯氟氰菊酯3 000倍液等药剂喷雾，10 ~ 14 d后再喷1次。

（六）荔枝尖细蛾

1. 危害概况

危害红毛丹的荔枝尖细蛾（*Conopomorpha litchiella*）属鳞翅目细蛾科，以幼虫钻蛀危害叶片、嫩梢和花穗，除蛀食叶片中脉外，还蛀食叶肉，留下表皮呈枯袋状，造成花枯梢死、叶片变枯破裂。该虫不危害果实。

2. 形态特征

成虫　翅展约8.5 mm，头赭白色，触角基部常有一黑斑。触角稍比前翅长，淡褐色。胸部和翅基赭白色，前半部常杂有褐色。前翅基部灰黑色，中部有5条相间的白色横线构成W形纹，两翅相并构成“爻”字纹，翅基部有若干个不规则的白色斑，肩角处散布有数块特别黑的鳞片，翅最末端有一深黑色小圆点。后翅暗灰色，缘毛灰色，末端色稍淡。

卵　圆形或椭圆形，扁平，长0.2 ~ 0.3 mm，卵壳上有不规则的网状花纹。初产时乳白色透明，近孵化时淡黄色。

幼虫　1 ~ 2龄为扁平状、无足，3 ~ 6龄为扁圆筒状、具足。大龄幼虫长约8 mm，淡黄色。

蛹　初期青绿色，后转为黄褐色，近羽化时为灰黑色，头顶有一尖锐突起。

3. 发生规律

荔枝尖细蛾1年发生约10代，世代重叠，8 ~ 9月发生量最大，夏梢及秋梢抽发期危害最为严重。以幼虫在枝梢内越冬，翌年3月中下旬陆续由枝梢内爬出，在附近叶片上迅速结茧化蛹，于3月下旬至4月上旬羽化，雌成蛾即在春梢或嫩叶上产卵。

4. 防控措施

①农业防治。适时促秋梢、控冬梢，短截早熟品种的花穗，可减少越冬虫源。

②化学防治。在嫩叶或嫩梢发生危害时，用25%灭幼脲1 500倍液、20%除虫脲2 500 ~ 3 000倍液、20%杀铃脲悬浮剂3 000倍液或10%氯虫苯甲酰胺3 000倍液等喷雾。

（七）蓑蛾类害虫

1. 危害概况

危害红毛丹的蓑蛾类害虫属鳞翅目蓑蛾科。它们以幼虫的头胸部伸出护囊外咬食红毛丹的叶片、嫩枝外皮和幼芽，发生严重时，可把叶片食光，导致果树枯萎。常见的有大蓑蛾（*Clania variegata*）、茶蓑蛾（*Cryptothelea minuscula*）、小蓑蛾（*Clania minasula*）等。

2. 常见种类

（1）大蓑蛾

成虫　雌成虫体肥大，淡黄色或乳白色，无翅，足、触角、口器、复眼均有退化，头部小、淡赤褐色，胸部背中央有条褐色隆起，胸部和第1腹节侧面有黄色毛，第7腹节后缘有黄色短毛带，第8腹节以下急骤收缩，外生殖器发达。雄成虫为中小型蛾子，翅展

35 ～ 44 mm，体褐色，有淡色纵纹，前翅红褐色，后翅黑褐色，前、后翅中室内中脉叉状分支明显。

卵　椭圆形，直径0.8 ～ 1.0 mm，淡黄色，有光泽。

幼虫　雄幼虫体长18 ～ 25 mm，黄褐色；雌幼虫体长28 ～ 38 mm，棕褐色。头部黑褐色，各缝线白色；胸部褐色，有乳白色斑：腹部淡黄褐色；胸足发达，黑褐色；腹足退化呈盘状，趾钩15 ～ 24个。

蛹　雄蛹长18 ～ 24 mm，黑褐色，有光泽；雌蛹长25 ～ 30 mm，红褐色。

护囊　老熟幼虫护囊长40 ～ 70 mm，丝质坚实，囊外附有碎叶片或排列零散的枝梗。

（2）茶蓑蛾

成虫　雄蛾体长11 ～ 15 mm，翅展长达20 ～ 30 mm，身体与翅均为深褐色。雌成虫体长12 ～ 16 mm，蛆状，头小，腹部肥大，褐色。

卵　椭圆形，长约0.8 mm，宽0.6 mm。乳黄白色。

幼虫　共6龄，少数7龄。体长16 ～ 26 mm。头部黄褐色，胸腹部黄色，背部色泽较暗，胸部背面有褐色纵纹2条，每节纵纹两侧各有褐色斑1个。

蛹　雄蛹长11 ～ 13 mm，咖啡色。雌蛹长14 ～ 18 mm，咖啡色，蛆状，头小。

护囊　雌虫护囊长约30 mm，雄虫护囊长约25 mm。有许多平行排列整齐的小枝梗黏附在护囊外面。

（3）小蓑蛾

成虫　雌成虫体长约8 mm，纺锤形，无翅，足退化，似蛆状，头小，褐色，胸腹黄白色。雄成虫体长约4 mm，翅展11 ～ 13 mm，体茶褐色，体表被有白色鳞毛。

卵　椭圆形，乳黄色。

幼虫　体长约9 mm，中后胸背面各有4个黑褐色斑。

蛹　褐色，腹末有2根断刺。

护囊　纺锤形，枯褐色。成长幼虫的护囊长25 ～ 30 mm。护囊以丝缀结叶片、枝皮碎片及小枝梗而成，枝梗整齐地纵列于囊的最外层。

3.发生规律

大蓑蛾1年发生1代，以老熟幼虫在护囊中越冬。翌年3月下旬开始化蛹，4月底5月初为成虫羽化盛期，雌蛾多于雄蛾，雄蛾羽化后离开护囊，寻觅雌蛾；雌成虫羽化后不离开护囊，在黄昏时将头胸伸出囊外，招引雄蛾，交尾时间多在13：00 ～ 20：00。雌成虫将卵产在护囊内，每个雌虫可产3 000 ～ 6 000粒。幼虫孵化后立即吐丝造囊。初龄幼虫有群居习性，并能吐丝下垂，随风扩散。幼虫在3 ～ 4龄开始转移，分散危害。9月底至10月初幼虫在囊内越冬。

茶蓑蛾多以3 ～ 4龄幼虫（少数老熟幼虫）在枝叶上的护囊内越冬。气温10℃左右时，越冬幼虫开始活动和取食，5月中下旬后幼虫陆续化蛹，6月上旬至7月中旬成虫羽化并产卵。雄蛾喜在傍晚或清晨活动，靠性引诱物质寻找雌蛾，雌蛾羽化翌日即可交配。雌蛾交尾后1 ～ 2 d产卵，每雌蛾平均产676粒，个别高达3 000粒。雌蛾寿命12 ～ 15 d，

雄蛾寿命2 ~ 5 d，卵期12 ~ 17 d，雌蛹期10 ~ 22 d，雄蛹期8 ~ 14 d。

小蓑蛾1年发生2代，以幼虫在囊内粘在枝条上越冬。翌年5月开始化蛹，蛹期15 d。雌成虫产卵于囊内，卵期约7 d。田间6 ~ 10月可见各虫态。

4.防控措施

①农业防治。人工摘除蓑蛾护囊，集中烧毁。

②生物防治。保护和利用天敌，如捕食性天敌蜘蛛、螳螂、猎蝽和鸟类等，寄生性天敌姬蜂类、小蜂类、寄生真菌和细菌等。危害较严重时，可施用白僵菌或Bt制剂500倍液。

③化学防治。于晴天或阴天下午喷施20%灭幼脲悬胶剂1 000 ~ 2 000倍液或2.5%溴氰菊酯乳油2 000 ~ 3 000倍液等。

（八）刺蛾类害虫

1.危害概况

危害红毛丹的刺蛾类害虫属鳞翅目刺蛾科，常见种类有绿丽刺蛾（*Parasa lepida*）、褐边绿刺蛾（*Parasa consocia*）等。它们以幼虫咬食叶片危害，造成缺刻。

2.常见种类

（1）绿丽刺蛾

成虫　体长10 ~ 17 mm，翅展35 ~ 40 mm，头顶、胸背绿色。胸背中央具1条褐色纵纹向后延伸至腹背，腹部背面黄褐色。触角雌蛾线状，雄蛾双栉齿状。前翅绿色，肩角处有1块深褐色尖刀形基斑，外缘具深棕色宽带。后翅浅黄色，外缘褐色。前足基部有1个绿色圆斑。

卵　扁平光滑，椭圆形，浅黄绿色。

幼虫　末龄幼虫体长25 mm，粉绿色。身被刚毛，背面稍白，背中央具紫色或暗绿色带3条，亚背区、亚侧区上各具一列带短刺的瘤，前面和后面的瘤红色。

蛹茧　棕色，较扁平，椭圆形或纺锤形。

（2）褐边绿刺蛾

成虫　体长15 ~ 16 mm，翅展36 mm。雌虫触角褐色，丝状，雄虫触角基部2/3为短羽毛状。胸部中央有1条暗褐色背线。前翅大部分绿色，基部暗褐色，外缘部灰黄色，其上散布暗紫色鳞片，内缘线和翅脉暗紫色，外缘线暗褐色。腹部和后翅灰黄色。

卵　扁椭圆形，长1.5 mm，初产时乳白色，渐变为黄绿至淡黄色，数粒排列成块状。

幼虫　末龄幼虫体长约25 mm，略呈长圆柱状。初孵化时黄色，长大后变为绿色。头黄色，非常小，常缩在前胸内。前胸盾上有2个横列黑斑，腹部背线蓝色。胴部第2至末节每节有4个毛瘤，其上生一丛刚毛，第4节背面的1对毛瘤上各有3 ~ 6根红色刺毛，腹部末端的4个毛瘤上生蓝黑色刚毛丛，呈球状；背线绿色，两侧有深蓝色点。腹面浅绿色。胸足小，无腹足，第1～7节腹面中部各有1个扁圆形吸盘。

蛹　长15 mm，椭圆形，肥大，黄褐色，包被在椭圆形、棕色或暗褐色、长约16 mm、似羊粪状的茧内。

3.发生规律

绿丽刺蛾1年发生2代，以老熟幼虫5月上旬化蛹，5月中旬至6月上旬成虫羽化并产卵。雌蛾喜欢产在叶背上，十多粒或数十粒排列成鱼鳞状卵块，上覆一层浅黄色胶状物。每个雌虫产卵期2～3 d，产卵量100～200粒。成虫有趋光性，低龄幼虫群集，3～4龄开始分散，共8～9龄。

褐边绿刺蛾成虫昼伏夜出，有趋光性，羽化后即可交配、产卵，卵多成块产于叶背，每块有卵数十粒呈鱼鳞状排列。低龄幼虫有群集性，稍大则分散活动危害。

4.防控措施

①农业防治。及时摘除幼虫群集的叶片；成虫羽化前摘除虫茧，消灭其中幼虫或蛹；结合整枝、修剪、除草和冬季清园、松土等，清除枝干上、杂草中的越冬虫体，破坏地下的蛹茧，以减少下一代的虫源。

②物理防治。利用成虫有趋光性的特点，结合防治其他害虫，在6～8月成虫盛发期设诱虫灯诱杀。

③生物防治。可用每克含孢子100亿的白僵菌粉0.5～1 kg在叶片潮湿条件下防治1～2龄幼虫。秋冬季摘虫茧，放入纱笼，保护和引放寄生蜂（如紫姬蜂）、寄生蝇。

④化学防治。幼虫发生期是防治适期，药剂有10%天王星乳油5 000倍液、20%菊马乳油2 000倍液或20%氯马乳油2 000倍液。

（九）象甲类害虫

1.危害概况

危害红毛丹的象甲类害虫属鞘翅目象甲科，以成虫咬食叶片危害。老叶受害常造成缺刻；嫩叶受害严重时吃得精光；嫩梢被啃食成凹沟，严重时萎蔫枯死。常见的有绿鳞象甲（*Hypomeces squamosus*）、柑橘灰象(*Sympiezomias citri*)。

2.常见种类

（1）绿鳞象甲

成虫　体长15～18 mm，体黑色，体表密被墨绿、淡绿、淡棕、古铜、灰、绿等反光鳞毛，有时杂有橙色粉末。头、喙背面扁平，中间有1条宽而深的中沟，复眼突出，前胸背板后缘宽，前缘狭，中央有纵沟。小盾片三角形。雌虫腹部较大，雄虫较小。

卵　椭圆形，长约1 mm，黄白色，孵化前呈黑褐色。

幼虫　初孵时乳白色，后黄白色，长13 ~ 17 mm，体肥，表面多皱，无足。

蛹　长约14 mm，黄白色。

(2) 柑橘灰象

成虫　体长8.0 ~ 12.5 mm，体表密被灰白色鳞毛。头管粗短，背面漆黑色，中央1条凹纵沟从喙端直达头顶，两侧各有1条浅沟伸至复眼前面。前胸长略大于宽，两侧近弧形，背面密布不规则瘤状突起。每鞘翅上各有10条由刻点组成的纵行纹，鞘翅中部横列1条灰白色斑纹，鞘翅基部灰白色。雌成虫鞘翅端部较长，近V形，末节腹板近三角形；雄成虫鞘翅末端钝圆，近U形，末节腹板近半圆形。

卵　长筒形，初为乳白色，后变为紫灰色。

幼虫　长11 ~ 13 mm末龄幼虫体乳白色或淡黄色。头部黄褐色，头盖缝中间明显凹陷。

蛹　淡黄色，头管弯向胸前，腹末具黑褐色刺1对。

3.发生规律

绿鳞象甲在华南地区1年发生2代，在云南西双版纳6月进入羽化盛期，广东、海南终年可见成虫危害。成虫白天活动，飞翔力弱，善爬行，有群集性和假死性，出土后爬至枝梢危害嫩叶，能交配多次。卵单粒散产在叶片上，产卵期80 ~ 90 d，每雌产卵80多粒。幼虫孵化后钻入土中10 ~ 13 cm深处取食杂草或树根。幼虫期80 ~ 90 d。幼虫老熟后在6 ~ 10 cm土中化蛹，蛹期17 d。

柑橘灰象1年发生1代，以成虫在土壤中越冬，翌年3月底至4月中旬出土，4月中旬至5月上旬是危害高峰期，5月为产卵盛期。幼虫孵化后即落地入土，深度为10 ~ 15 cm，取食植物幼根和腐殖质。5月中下旬为卵孵化盛期。成虫刚出土时不太活泼，具假死性。

4.防控措施

①农业防治。结合秋末施基肥，耕翻土壤，破坏幼虫在土中的生存环境；冬季浅耕，破坏成虫的越冬场所。在成虫发生期利用其假死性进行人工捕捉，先在树下铺塑料布，振落成虫后收集消灭。

②生物防治。喷洒每毫升含0.5亿活孢子的白僵菌对该虫具有一定的防效。

③化学防治。3月底至4月初成虫出土时向地面喷洒50%辛硫磷乳油200倍液，成虫盛发期往枝叶喷2%阿维菌素2 000倍液防治。

(十) 金龟子类害虫

1.危害概况

危害红毛丹的金龟子类害虫属鞘翅目，常见的种类有鳃金龟科的华脊鳃金龟(*Holotrichia sinensis*)、丽金龟科的铜绿丽金龟(*Anomala corpulenta*)等。它们均以成虫咬食红毛丹叶片，造成缺刻，影响光合作用。幼虫在土壤中啃食根部，影响树的长势。

2. 常见种类

（1）华脊鳃金龟

成虫　体长19.5 ～ 23 mm。宽9.8 ～ 11.8 mm。长椭圆形，棕红或棕褐色。触角10节，鳃片部3节，短小。前胸背板宽大，布致密刻点，点间成纵皱，两侧各有1个深色小坑；前缘边框光滑，侧缘于后部2/3处强度钝角状扩突，前侧角近直角形，后侧圆弧形。小盾片近半圆形。鞘翅有4条纵脊。前足胫节外缘3齿；后足胫节后棱有齿突4个，距离匀称，前3齿突较弱小；后足跗节第1节和第2节长约相等。

卵　光滑，椭圆形，乳白色。

幼虫　老熟幼虫体长约30 mm，弯成C形，体乳白色，头黄褐色、近圆形。

蛹　裸蛹，体长约22 mm，椭圆形，褐色。

（2）铜绿丽金龟

成虫　体长19 ～ 21 mm，触角黄褐色、鳃片状。前胸背板及鞘翅铜绿色具闪光，上面有细密刻点。鞘翅每侧具4条纵脉，肩部具疣突。前足胫节具2外齿，前、中足大爪分叉。

卵　光滑，呈椭圆形，乳白色。

幼虫　老熟幼虫体长约32 mm，体乳白色，头黄褐色，近圆形，前顶刚毛每侧各为8根，成一纵列；后顶刚毛每侧4根斜列。额中例毛每侧4根。肛腹片后部复毛区的刺毛列，列各由13 ～ 19根长针状刺组成，刺毛列的刺尖常相遇。刺毛列前端不达复毛区的前部边缘。

蛹　裸蛹，体长约20 mm，宽约10 mm，椭圆形，土黄色。雄蛹末节腹面中央具4个突起；雌蛹则平滑，无此突起。

3. 发生规律

华脊鳃金龟1年发生1代，成虫羽化盛期在5 ～ 6月，多在无风闷热的晚上羽化出土，白天潜隐于土壤或附近的寄主植物，晚上出来取食、交尾、交卵。每个雌虫产卵几十粒，散产于5 ～ 10 cm的土层内，幼虫多在15 cm土壤深度内活动、取食。成虫有假死性和较强的趋光性。

铜绿丽金龟1年发生1代，以老熟幼虫越冬。翌年春季越冬幼虫上升活动，5月下旬至6月中下旬为化蛹期，7月上中旬至8月是成虫发育期和产卵期，7月中旬至9月是幼虫危害期，10月中旬后陆续越冬。幼虫在春、秋两季危害较重。成虫夜间活动，趋光性强。

4. 防控措施

①农业防治。施用腐熟的有机肥；适当翻整果园土壤，清除土壤内幼虫蛴螬；成虫发生期，人工捕杀成虫；春季翻树盘也可消灭土中的幼虫。

②生物防治。绿僵菌或白僵菌粉剂、苏云金杆菌、昆虫病原线虫、乳状菌等浇淋根部或浇拌有机肥，对金龟子有明显的抑制作用。

③化学防治。发生危害时采取如下措施：一是在树冠上喷施2.5%高效氯氟氰菊酯乳油2 000 ～ 3 000倍液等。二是在树冠下撒施5%毒死蜱颗粒剂，浅锄入土，可毒杀大量潜伏在土中的金龟子成虫和幼虫。

（十一）黑蕊尾舟蛾

1.危害概况

黑蕊尾舟蛾（*Dudusa sphingformis*）属鳞翅目舟蛾科，以幼虫咬食红毛丹新梢和嫩叶，常把幼叶的叶肉和叶脉一并食光。

2.形态特征

成虫　体长23 ～ 37 mm，雄成虫翅展70 ～ 83 mm，雌成虫翅展长86 ～ 89 mm。头和触角黑褐色。触角呈双栉状，雄蛾分枝比雌蛾长，尾端线形。前翅灰黄褐色，基部有1个黑点，前缘有5 ～ 6个暗褐色斑点，从翅顶到后缘近基部的暗褐色略呈1个大三角形斑；亚基线、内线和外线灰白色。内线呈不规则锯齿形，外线清晰，斜伸双曲形。亚端线和端线均由脉间月牙形灰白色形组成。缘毛暗褐色。后翅暗褐色，前缘基部和后角灰褐色，亚端线和端线同前翅。

幼虫　体色除柠檬黄外尚有赭红、赭黄等变异，第1腹节气门后方有1个圆形大白斑。

3.发生规律

一般于5 ～ 6月以幼虫危害红毛丹嫩叶。幼虫静止时靠第2 ～ 4腹足固着叶柄或枝条，前后两端翘起如龙舟，受惊后前端不断颤动以示警诫。老熟幼虫钻入表土层化蛹，预蛹期4 ～ 5 d，蛹期超过20 d，于7月下旬陆续羽化。

4.防控措施

在低龄幼虫发生危害时，用38%甲维盐·辛乳油800 ～ 1 500倍液喷雾防治。

本章参考文献

何子育，吕小舟，2009. 红毛丹高产栽培技术[M]. 海口：海南出版社.

林兴娥，牛俊海，陈莹，等，2019. 基于SSR标记的68份红毛丹种质资源DNA指纹图谱构建[J]. 热带作物学报，40(4): 708-714.

林兴娥，牛俊海，明建鸿，等，2019. 红毛丹种子贮藏及发芽试验初报[J]. 园艺与种苗，39(3): 16-23.

林兴娥，牛俊海，周兆禧，等，2017. 红毛丹ISSR-PCR反应体系优化及引物筛选[J]. 中国南方果树，46(4): 75-80.

林兴娥，周兆禧，戴敏洁，等，2016. 海南红毛丹栽培品系果实矿质元素和品质指标的测定与相关性分析[J]. 热带农业科学，36(10): 65-69.

林兴娥，周兆禧，葛宇，等，2015. 海南岛红毛丹栽培品系资源主要果实性状的比较分析[J]. 基因组学与应用生物学，34(9): 1993-2002.

龙兴桂，冯殿齐，苑兆和，等，2020. 中国现代果树栽培[M]. 北京：中国农业出版社.

吕小舟，2019. 保亭县红毛丹栽培管理技术[J]. 农业科技通讯(5): 306-308.

王春燕，谭文丽，王宁，等，2018. 影响红毛丹花芽分化的因素[J]. 热带农业科学，38(7): 29-39.

殷小兰，臧小平，蔡凯，等，2017. 海南省红毛丹水肥一体化技术与应用[J]. 现代农业科技(23): 75-78.

臧小平，井涛，葛宇，等，2018. 滴灌增施镁肥对红毛丹产质量及经济效益的影响[J]. 贵州农业科学，46(6): 24-27.

臧小平，林兴娥，戴敏洁，等，2016. 滴灌施肥对红毛丹产量、养分吸收利用和土壤肥力的影响[J]. 灌溉排水学报，35(8): 83-86.

臧小平，林兴娥，丁哲利，等，2015. 滴灌施肥对红毛丹产量、品质及经济效益的影响[J]. 中国农学通报，31(25): 113-117.

周兆禧，牛俊海，马蔚红，等，2018. 基于ISSR和SRAP标记的69份红毛丹种质资源DNA指纹图谱构建[J]. 中国南方果树，47(5): 23-29.

LAM P E, KOSIYACHINDA S, 1987. Rambutan fruit development, postharvest physiology and marketing in ASEAN[M]. Malaysia: Kuala Lumpur.

MUCHJAJIB S, 1988. Flower initiation, fruit set and yield of rambutan (*Nephelium lappaceum* L.) var. ‘Roengrean’ sprayed with Sadh, Paclobutrazol and Ethephon[M]. The Philippines: Laguna College.

ONG H T, 1976. Climatic changes in water balances and their effects on tropical flowering in rambutan[J]. Planter Kuala Lumpur(52): 174-179.

TINDALL H D, MENINI U G, HODDER A J, 1994. Rambutan cultivation[M]. Rome, Italy: Food and Agriculture Organization of the United Nations.

WHITEHEAD D C, 1959. The rambutan: a description of the characteristics and potential of the more important varieties[J]. Malayan Agricultural Journal, 42(2): 53-75.

第三章 山竹

第一节　发展现状

一、山竹起源与分布

山竹学名 *Garcinia mangostana*，又名莽吉柿、山竺、山竺子、倒捻子，为藤黄科藤黄属的一种种间杂交异源多倍体果树。全世界约有450种藤黄属植物，我国目前发现的记录种有22种。藤黄属中约有40种可以产生可食用的果实，但是只有山竹这1种作为水果广泛种植和交易。

山竹原产于马来群岛，分布于东南亚、南亚、非洲、大洋洲、北美洲、南美洲的热带地区。东南亚地区主要种植的国家有泰国、马来西亚、印度尼西亚、菲律宾、越南等，其中泰国种植面积最大。我国山竹主要在海南种植。

二、中国山竹发展现状

山竹非常适合在我国海南岛的南部区域发展，但只有保亭、五指山、三亚、陵水等市县试种成功。20世纪30 ～ 60年代，海南省文昌、琼海、万宁和保亭先后引种山竹，其中海南省保亭热带作物研究所（海南省农垦科学院保亭试验站）1960年从马来西亚引种进入海南，1969年开花结果后，至今仍然连年开花结果。

随着人们饮食结构的变化，消费水平的提高，越来越多人开始注重提升生活质量，各种名特优水果也渐受青睐。山竹果是高档的水果之一，主要消费市场分布在广东、上海、北京等地。山竹果除鲜食外，果实制成的果汁饮料、糕点、果冻等产品很受消费者的喜爱。目前中国山竹市场供不应求，每年从马来西亚和泰国进口大量的山竹果来满足国内消费者需求。

进口山竹果由于需要长途运输，一般选择在果实尚未充分成熟时就采摘，再加之长途运输，严重影响山竹果实品质。海南山竹果与从东南亚进口的山竹果相比，果实可以充分成熟后再采摘，并且大大缩短了运输距离，同时海南适宜的气候环境和优质的土壤条件使得海南山竹果普遍具有多肉、甘甜的特点，所以比起进口的山竹果实，海南产的山竹果味道更为鲜美。海南山竹市场出园价40元/kg左右，盛产期每公顷果树每年产量按照10 000 kg的保守估算，效益可观，非常适合乡村振兴农业产业发展规划提出的差异性的要求。然而国产山竹产业发展规模一直不大，主要有以下三个方面原因：一是山竹属于典型热带果树，对气候条件要求较高；二是山竹投产期过长，山竹实生树要7 ～ 12年才开始挂果，嫁接苗也需要5年左右挂果，生产者难以承担前几年的投入成本；三是由于山竹生长速度相对较慢，育苗时间较长，优质健康种苗相对匮乏。

三、山竹开发应用现状

山竹整果在食品、医学、化工等多方面得到较好的开发利用。

1. 食品方面

山竹鲜果深受消费者欢迎，在国内成为一种高端水果。由于其营养丰富，风味独特，具有“热带果后”的美誉。山竹果实除鲜食外，还可以榨汁或制作果酒、罐头、果脯蜜饯等产品。

2. 医药方面

山竹具有维持心血管和胃肠健康以及抗氧化等功效，其提取物山竹醇据报道有抗癌潜能，可用于乳腺癌、结肠癌、口腔癌等的治疗。在东南亚，山竹果皮一直作为泰国传统医药，用于痢疾、感染性创伤、慢性溃疡等疾病的治疗（表3-1）。山竹果干燥的果皮中含有丰富的单宁酸，单宁酸有防腐和收敛特性。在印度尼西亚和中国，切片烘干的山竹果壳被碾成粉末后有助于治疗痢疾，制成膏后可用于湿疹等皮肤病的治疗。通过煎煮果壳获得的果皮提取物可用于治疗腹泻、膀胱炎和慢性尿道炎等。菲律宾人使用山竹叶子和树皮煎汁作为退热药，并治疗鹅口疮、腹泻、痢疾和泌尿系统疾病。树皮提炼物已经被用于治疗阿米巴痢疾。

表3-1 山竹各部位药用价值

部位	用途
树皮	治疗小溃疡或鹅口疮的收敛剂
树叶	治疗小溃疡或鹅口疮的收敛剂 退热药 伤口治疗的静脉滴注
种皮	治疗腹泻和痢疾
果皮	治疗慢性肠黏膜炎 治疗痢疾并用作洗液 治疗呼吸紊乱 治疗皮肤感染 收敛剂 倒捻子素（Mangostin）用作消炎药 倒捻子素用作抗菌药 倒捻子素衍生物用于中枢神经系统的镇静剂 减轻腹泻
根	月经不调的药物

3. 工业方面

山竹果皮中提取的色素具有抑菌活性和稳定性，这使天然的山竹色素在我国食品工业中得到广泛的应用，提高了山竹果实的利用价值。从山竹果壳中提取的染液可作为纺织染料对纯棉织物进行染色，运用在锦纶上更具有染色和抗紫外效果，提高纺织品档次。

山竹果皮提取物在农业杀虫抗菌方面也起到一定作用。叶火春等采用浸叶法测定出山竹果皮有乙醇、氯仿、石油醚、乙酸乙酯及正丁醇5种提取物，这些提取物能对害虫、病原菌以及真菌进行抑制、灭杀，结果显示其具有良好的杀虫抗菌活性。

4. 园林方面

山竹植株枝叶浓密，树形呈圆柱状，枝条着生角度小，外观紧凑优美，且病虫害很少，抗性强，养护管理简单粗放，常用于行道树绿化、花坛疏植等。

第二节 功能营养

一、营养价值

山竹果实富含各类营养物质，深受消费者欢迎。山竹果实可食率29%～45%，每100 g鲜果含蛋白质0.4 g、脂肪0.2 g、碳水化合物18 g，可溶性固形物16.8 g，柠檬酸0.63 g，产热290 kJ。此外，山竹还含有丰富的膳食纤维、维生素及镁、钙、磷、钾等矿质元素，特别是维生素含量全面，除了B族维生素外，还有维生素A、维生素E和维生素C（表3-2）。山竹内果皮味偏酸，嫩滑清甜，且具有不明显的清香气味，因为山竹气味的化学组分量大约只有芳香水果的1/400，主要包含叶醇（顺-3-己烯醇）、乙酸己酯以及α-古巴烯。山竹在果皮完好时几乎没有味道。山竹营养丰富，抗氧化作用强，而且有保健功效，因为正在研究中的氧杂蒽酮被指出可能有抗病效果，但不宜过量食用，否则会增加酸中毒的可能性。在泰国，人们将榴莲和山竹视为“夫妻果”。如果吃了过多榴莲上火了，吃上几个山竹就能缓解。

表3-2 每100 g山竹的成分组成

成分	含量	成分	含量
能量	290 kJ	膳食纤维	1.5 g
烟酸	0.3 mg	硫胺素	0.08 mg
蛋白质	0.4 g	核黄素	0.02 mg
脂肪	0.2 g	维生素B_6	0.03 mg
碳水化合物	18 g	维生素C	1.2 mg
叶酸	7.4 μg	维生素E	0.36 mg

（续）

成分	含量	成分	含量
钙	11 mg	铁	0.3 mg
磷	9 mg	锌	0.06 mg
钾	48 mg	硒	0.54 μg
钠	3.8 mg	铜	0.03 mg
碘	1.1 μg	锰	0.1 mg
镁	19 mg	维生素A	0.55 mg

二、药用价值

中医认为山竹有清热降火、美容肌肤的功效。对平时爱吃辛辣食物，肝火旺盛、皮肤不太好的人，常吃山竹可以清热解毒，改善皮肤。体质本身虚寒者则不宜多吃。山竹全果含有超过40种氧杂蒽酮，是目前自然界已发现的200多种含氧杂蒽酮食物中含量最多的。氧杂蒽酮是最佳的天然抗氧化剂之一，同时它还具有抗炎症、抗过敏的功效。氧杂蒽酮可以帮助减缓老化，增强人体免疫力，预防炎症发生等。氧杂蒽酮也可以有效地用于治疗心血管疾病，如缺血性心脏病、血栓形成和高血压等。

山竹果壳中提取的咕吨酮化合物还以抗真菌、抗病毒、抗疲劳的属性而深受欢迎，由于其抗过敏特性，可用于治疗各种过敏症状。山竹醇是天然的口腔癌预防剂。山竹提取物中的α-倒捻子素、半乳糖能有效缓解钙拮抗作用以及心肌缺血。山竹果壳色素较传统印染工艺中使用的染料更具有稳定性和抗紫外线能力，在食品保鲜方面也有应用。山竹的果肉和果汁有预防部分危险疾病的功效，如糖尿病、癌症、帕金森病、阿尔茨海默病、偏头痛、心脏病等。

三、食用宜忌

①山竹属寒性水果，所以体质虚寒者少吃尚可，多吃不宜；山竹含糖量较高，因此肥胖者宜少吃，糖尿病人不宜食用；山竹含钾量较高，故肾病及心脏病患者要少吃。

②山竹具有降燥、清凉解热的作用，健康人群都可食用山竹。但山竹不宜多吃，每天最多吃3个山竹。山竹富含纤维素，在肠胃中会吸水膨胀，过多食用会引起便秘。

③山竹作为能缓解榴莲燥热的“热带果后”，寒性很重，忌与西瓜、豆浆、啤酒、白菜、芥菜、苦瓜、冬瓜、荷叶等寒凉食物同吃。吃山竹时，最好不要将紫色汁液染在肉瓣上，否则会影响口感。

④山竹内富含的氧杂蒽酮抗氧化作用强，而且有保健功效，不过食用要适量，过量摄入此物质会增加酸中毒的可能性。氧杂蒽酮的一种α-倒捻子素有显著的抗氧化性，已广泛用于药品中，但过量服用会对线粒体有毒害作用，损害呼吸作用，造成乳酸中毒。

第三节　生物学特性

一、形态特征

1. 根

山竹的根为直根系，由主根、侧根、须根、根毛组成。山竹主根与侧根上都分布有根毛，一条主根直直深入土壤，主根上侧根稀少，长势远远弱于主根，最长的侧根也只延伸到树干外1 m多的位置。所以多年生的山竹实生苗移栽不易成活。

2. 主干及枝

山竹为常绿小乔木，高12 ～ 20 m，有明显主干（图3-1）。树皮粗糙，棕色或黑褐色，内部含有黄色味苦、如融化黄油一般的汁液。单轴分枝，分枝多而密集，交互对生在茎上，与茎呈45° ～ 60° 夹角平伸生长，小枝粗厚，圆形，一般为四棱茎。

图3-1　山竹的主干及主枝

3.叶

山竹的叶对生，全缘，椭圆形，顶端略尖，具短柄（1 ~ 2 cm）。小枝顶端抽生新叶，初生为玫瑰色，逐渐向绿色转变，最终变成深绿色。山竹成熟叶长15 ~ 25 cm，宽4.5 ~ 10 cm，叶片革质，正反面均无毛。叶背呈淡黄绿色，顶端短渐尖，基部宽楔形或近圆形，中脉两面隆起，侧脉密集，多达15 ~ 27对，在边缘内联结；叶柄短而粗，长约2 cm，干时具密的横皱纹（图3-2）。

图3-2 山竹的叶

4.花

山竹的花为雄蕊退化的，两性花，长约2 cm。花瓣4片，长2 ~ 5 cm，肉质较厚，倒卵形排列，黄绿色有红色边缘或偶尔有全红色。子房无柄，近圆形，5 ~ 7室，柱头5 ~ 7裂。花常1朵，或成对，或极少见3朵生长于嫩枝顶端（图3-3至图3-5）。据原产地记载，山竹有单性雄花，但中国尚未发现有单性雄花存在。

图3-3 山竹的花芽

图3-4 山竹的花蕾

图3-5 山竹开花

5. 果实

山竹刚开始结出的小果实为嫩绿色或白色，2 ～ 3个月后果实体积渐渐变大，外果皮颜色逐渐变成深绿色。成熟后长成直径4 ～ 8 cm的球形，表面光滑，肉质萼片及外果皮内层的柱头残存。山竹外果皮厚且坚硬，约占果重的2/3。味苦。果肉白色，由4 ～ 8个楔形瓣组成，外观颇似蒜瓣（图3-6）。

6. 种子

山竹果实一般有1 ～ 5个完全发育的种子，一般在较大的果瓣内，烘烤后可食用。种子长约1 cm，扁平状，属于顽拗型种子（图3-7）。种子的胚为珠心胚，是无融合生殖，不需要经过受精，因此山竹实生苗后代仍然保持原品种特性。

图3-6　山竹的果实

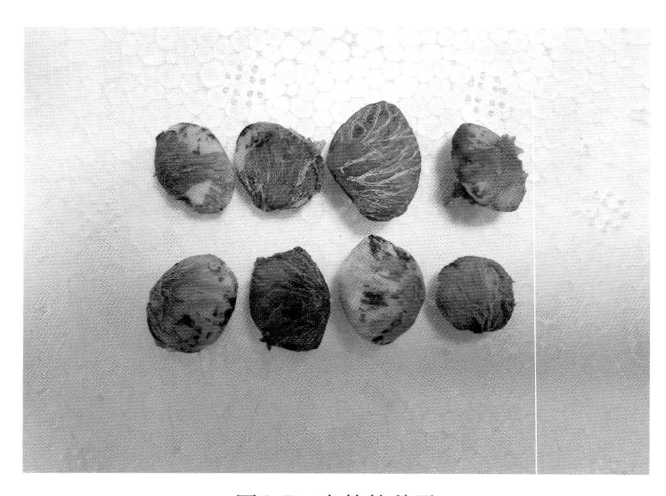

图3-7　山竹的种子

二、生长发育特性

1. 根系生长特性

山竹的根系不发达，其分布范围与所在土壤的理化性质、土层厚度、地下水位高低、地面覆盖物等都密切相关。旺盛生长期的成年结果树，大部分根系分布在地表5 ～ 30 cm的土层，根系的水平范围不超过树冠的一半。在长期有落叶覆盖的潮湿根区，常布满肉质的营养根。

一年中，山竹根系可以在适宜的栽培条件下不断生长，没有休眠期，但是在一年中的不同时期，根系的生长势有差别。山竹根系一年中有三个生长旺盛期：第一次是3 ～ 5月，此时正是山竹开花坐果、果实膨大的关键时期，树体迫切需要充足的养分供应来满足这一重要的过程，因此根系旺盛生长来汲取肥料提供的养分；第二次是果实采收后，此时地温较高，湿度较大，适宜根系生长，并且随着树体恢复营养生长，需要根系吸收果后追肥的营养；第三次是入冬前，树体需要储备干物质越冬，营养生长总体都很旺盛。

2. 芽生长特性

山竹的芽可分为顶芽和侧芽，均无明显休眠期。

3. 果实生长特性

在海南，山竹一般2 ～ 3月开始坐果，6 ～ 8月果实成熟采收。山竹的果实生长遵循S形曲线，果皮的生长从一开始就处于优势，假种皮，即食用部分的干物质在花后20 d才开始缓慢增加。在生长接近成熟，大约13周的时候，山竹的果皮、假种皮、糖和酸的百分含量都达到最高。

三、栽培特性

1. 繁殖

据记载，国外的山竹栽培种只有雌花，少有雄花；国内山竹未见雄花，只有雄蕊退化的两性花，也不需要授粉，因为山竹的生殖方式是子房直接膨大的无融合生殖，所以产生的种子实际上是母体的无性繁殖，其后代的种苗也可算作是母树的克隆；也可以通过选择两个优良的杂交亲本来获得具有优良性状的子代，再通过单性繁殖的方式稳定下来。

2. 树形

山竹的树形一般有三角形（金字塔形）和椭圆形。山竹两种树冠类型的形成大概率受环境影响：当山竹树间种在较高的树之间，有一定的荫蔽条件时，侧枝较为舒展，大概率形成三角形（金字塔形）的树冠（图3-8、图3-9）；在阳光充足的地方，山竹植株长得会比较低矮，侧枝层次密集，形成较为紧密的椭圆形树冠。

山竹的果和叶一般可分为以下三种类型：①叶大，果大，果皮厚，每一束果只有1个单果；②叶和果大小中等，果皮厚度中等，每一束果有1～2个单果；③叶小，果小，果皮薄，每一束果有3个以上单果。

图3-8　山竹树形

图3-9　山竹内膛枝

四、对环境条件的要求

1. 土壤

山竹土壤适应性较强，但更喜土层深厚、透气、排水良好、微酸性、富含有机质的黏壤土。

2. 温度

山竹是典型的热带果树，在25 ～ 35℃的环境下可以旺盛生长。20 ～ 25℃的温度范围也可以满足山竹栽培的要求。当温度降到25℃以下时，山竹生长将受到抑制。温度长期低于5℃或高于38℃都会引起山竹死亡。当种植园内气温过高时，可喷灌补水降温。世界各地通过引种，证明山竹种植区域从赤道向南北延伸最远可到纬度18° 的地区。我国海南省南部地区的气候条件基本满足山竹的生长需求。山竹在海南三亚、陵水、保亭、乐东、五指山能够稳产丰收，其中综合温度、湿度、海拔等条件而言，又以保亭和五指山地区最佳。

3. 光照

山竹生长期的前2 ～ 4年，不管是在育苗床上还是在大田定植的，都需要荫蔽的环境。早期山竹较适宜的光照度为40% ～ 70%。山竹的光合速率在27 ～ 35℃温度范围、20% ～ 50%荫蔽条件时基本稳定不变。在山竹的幼苗期，太阳光直射下，幼嫩的枝叶与果实容易被灼伤。

在印度尼西亚等东南亚国家，习惯性地将山竹与其他果树套种，从而由套种的果树提供山竹早期生长需要的荫蔽条件。海南的山竹种植园在山竹小苗时期也常常采用这种模式。

4. 湿度

山竹是典型的热带雨林型果树，自然生长在年降水量大于1 270 mm的地区，可以在年降水量1 300 ～ 2 500 mm、相对湿度80%的地区旺盛生长。山竹结果树正常开花结果需要15 ～ 30 d的持续干旱期，其余时间要求降雨充足且分布均匀。

山竹能忍受一定程度的涝渍，但是不耐干旱。干旱地区，通过灌溉系统持续供应充足水分，也可以成功地栽培山竹。

5. 风

风主要有调节山竹种植园的温度和湿度的作用。台风会对果树枝叶和果实有危害。海南省保亭地区的西北风干燥，易引起山竹落花落果，严重时还会造成新梢皱缩干枯。海南台风多发生于7 ～ 11月，台风过境时易引起大量落果，严重者折枝损叶，破坏树形，影响翌年产量。

五、生态适宜区域

1. 国际适宜区域

山竹原产于马来群岛，在东南亚和南亚地区广泛栽培，在非洲等地也有分布。山竹在马来西亚、印度尼西亚、泰国、菲律宾、越南、缅甸、印度等国家均有大面积种植。

2. 国内适宜区域

我国海南、台湾、福建、广东、云南等地均有山竹引种或试种。以海南为主，主要集中在南部市县比如三亚、陵水、保亭、乐东、五指山等地，其中以五指山市、保亭县的山竹产业体量最大，发展最为全面。福建、江西、四川、云南等地山区仅有少量种植。

第四节　种类与品种

一、山竹的近缘种

藤黄属总共大约450种植物，除去唯一一种作为水果推广种植栽培的山竹（*Garcinia mangostana*）之外，藤黄属植物中大约还有40种能生产可供食用的果实。其中，东南亚地区大约利用了其中的27种，南亚地区则大约利用了1种，非洲地区大约利用了其中的15个物种。Martin等(1987)调查发现，在亚洲地区有4个藤黄属的物种分布较为广泛，并得到了普遍的种植与应用，它们分别是：*G. mangostana*（山竹）、*G. cambogia*（藤黄果）、*G. dulcis*与*G. tinctoria*。其中，山竹和*G. dulcis*在热带地区有大量的人工种植，其他几个物种人工种植较少。

常见的山竹近缘种如下：

1. *G. dulcis*

该种原产于菲律宾、印度尼西亚(特别是爪哇岛和加里曼丹岛)、马来西亚和泰国，在安达曼群岛和尼科巴群岛也有分布(Dagar, 1999)。它是中等乔木，高5 ~ 20 m，与山竹的树高近似。其小枝分泌的乳胶呈白色，果实分泌的乳胶呈黄色。叶片对生，老熟叶片呈暗绿色，叶背被毛，叶长10 ~ 30 cm，宽3 ~ 15 cm。雄花乳白色，有淡淡的臭味，常成丛开放在树叶后面的嫩枝末梢上，雌花具有更长的花柄和更浓的气味，可产生大量的花蜜。果实圆球形，直径5 ~ 8 cm，成熟时变为橙色。每个果实内有1 ~ 5颗棕色大种子，种子外面有可以食用的淡橙色果肉。其果实由于太酸，不适宜生食，经过烹饪或制成蜜饯后，风味变佳。

2. *G. tinctoria*

与*G. dulcis*较为相似，二者很容易混淆。该种在东南亚、南亚以及安达曼群岛的森林中都有很广泛的分布，在中国也有分布，印度和马来西亚偶有种植。它是中等大小的乔木，高10 ~ 20 m，叶对生，长7 ~ 15 cm，宽4 ~ 6 cm。雄花呈粉红色或红色。果实是呈近球形的浆果，直径3 ~ 6 cm，成熟后变黄色，种子包裹在橙色的果肉里面。嫩芽和果实均可食用，有酸味。其果实可以用于烹饪。

3. *G. cambogia*

我国称之为藤黄果。原产于马来半岛、泰国、缅甸和印度，在菲律宾也有发现。这种树常分布在低地雨林中，属高大乔木，高20 ~ 30 m，树干基部常有凹槽。树体可分泌无色清淡的乳胶。叶较大，暗绿色，平滑而有光泽，呈窄椭圆形，叶尖骤尖。花略带红色，雄花罕见，但常成簇着生在枝条顶端，雌花一般单独开放。果实近圆球形，体积较大，直径为6 ~ 10 cm，表面有12 ~ 16条突出的纹理和凹槽，果实成熟后呈橘黄色，花瓣和萼片仍保留在果实基部，果肉口感较酸。有些国家把已长大但未成熟的藤黄果果实切成片后晒干，用于调味，以取代酸豆果。在印度和泰国，也用于减肥类加工保健品。

4. *G. hombroniana*

该种主要原产于马来西亚和安达曼群岛、尼科巴群岛。常生长在沙质和岩石较多的海滨，或生长在靠海的次生林中，属于中型乔木，树高一般9 ~ 18 m，树皮灰色。树体可分泌白色乳胶。叶对生，叶长10 ~ 14 cm、宽4 ~ 8 cm。雄花乳白色或乳黄色。果实圆球形，有薄薄的外壳，直径约5 cm，果实呈鲜亮的玫瑰色，具有苹果的香味，果实尖端通常保留有碟状的柱头。其鲜果和山竹果外形非常相似，味道有点像桃子，但略酸。

5. *G. indica*

该种主要分布于热带雨林中，特别是印度的东北部地区。一般生长在较高海拔地区，甚至在2 000 m海拔处仍有分布。它是一种中型乔木，果实外形与山竹相似，近圆球形，直径2.5 ~ 3 cm。果肉味酸，常用于生产果冻和果汁。在印度，常将其果实连肉带皮一起烘干，制成略有酸味的咖喱和果汁，深受当地人喜爱。

6. *G. prainiana*

该种原产于马来西亚和泰国，属于中小型乔木。可分泌白色胶乳。叶大，椭圆形，长10 ~ 23 cm，宽4.5 ~ 11.5 cm，叶缘或尖锐或顿挫，棱纹较多，几乎无柄。花常成簇盛开在多叶的嫩枝上，具5个花瓣，花微黄色或粉红色。果实圆球形，表面光滑但无光泽，一般直径2.5 ~ 4.5 cm，成熟时为橘黄色，黑色的柱头像纽扣一样附着在果实上，果皮薄，果肉呈淡橙黄色，味甜但常略带酸味。

7. *G. livingstonel*

该种主要分布在东非和南非，是一种树高小于10 m的小乔木或灌木。树冠密集，枝叶常绿，分枝较多或呈丛生状，树干多而弯曲不直。树皮呈棕灰色，可分泌黄红色胶乳。雄花、雌花或两性花着生于叶腋处，长在早些时候叶子没有发育出来的地方。果实呈卵球形，直径2.5 ~ 3.5 cm，橙色或红色，果肉酸里带甜，可生吃或经烹饪后食用。

二、山竹的变异种与品种

山竹的生殖方式为无融合生殖，属于无性生殖，因此世界各地的山竹彼此间基本为同源克隆，遗传差异不大。当然，自然环境下也产生了一些表型不同的变异种，被发现和有意保存下来。

（一）国外山竹品种概况

泰国、马来西亚、印度尼西亚、菲律宾是山竹的主要种植区域，马来西亚和印度尼西亚都有鉴选出山竹的变异种。

印度尼西亚的山竹栽培已遍及30个省，现已鉴定出3个山竹的变异种，即：叶片大、果实大、有厚果皮的山竹；叶片中等大小、果实中等大小的山竹；叶片较小、果实较小的山竹。

马来西亚除了常规种植的山竹品种外，在马来半岛还选育了山竹的早熟品种Mesta。该品种具有童期短、果实稍小、顶端稍尖、无籽的特点（龙兴桂，2020）。

（二）我国山竹栽培种概况

我国的山竹栽培种按照引种地来区分，主要来源于马来西亚、泰国、越南等地。其中，海南省保亭热带作物研究所、海南省国有南茂农场、海南省国有金江农场，以及乐东、陵水零散种植的山竹为马来西亚种，主要是由海南省保亭热带作物研究所从马来西亚引种的山竹母树采种培育出的种苗，推广到这些地区种植；海南省国有新星农场、海南省国有三道农场、五指山市毛道乡、海口市三江镇、澄迈县永发镇等地种植的山竹主要是泰国种；近些年，也有越南种的山竹被引入种植，主要分布在海南省五指山市一些乡镇。

第五节　种苗繁殖

山竹实生苗种植后需要7～12年才能结果，而嫁接苗种植后也需要5年左右才能结果。山竹幼苗生长缓慢原因是多方面的，主要有主根纤细、侧根不发达、根系生长弱、顶芽休眠期长、叶片合成碳水化合物的能力低等原因。为有效提高山竹种苗的繁育效率，生产上运用了嫁接、压条、扦插、组织培养等方法。

一、实生苗繁殖

1. 选种

首先要选择新鲜饱满的山竹果实。进口山竹因为运输途中冷冻处理过，种子难以发育，不建议选取。从山竹果实中取出白色瓣状假种皮，剥出其中包裹的黑褐色扁平状种子，选择个头较大、较为饱满的种子。山竹种子极易脱水失活，所以取种后要尽快播种或者在高湿低氧环境下妥善保存。

2. 洗种

将挑选出的种子浸泡8 ～ 12 h，用细沙轻轻揉搓洗去残留的果肉纤维，然后放入清水中人工搓洗掉表面的糖，防止蚁虫啃咬。

3. 布置沙床

沙床上需要建立遮阴度85%以上荫棚，荫棚既需要能保湿和防止日光暴晒，还要能抵御台风的侵袭。沙床用砖砌起，床高30 ～ 40 cm、宽120 cm左右，基质选用漂洗干净的河沙。

4. 播种

播种选在晴天进行。种子平放在沙床上再按紧压实，种子间稍留一定间隔，不要重叠，以方便种子出芽与移栽。播种后，在种子上面铺一层1 ～ 2 cm厚的面沙，用于保湿。面沙撒好后，淋透水1次。等到沙床稍干，用80%敌百虫可溶性粉剂800 ～ 1 000倍稀释液，给沙床喷药1次，杀灭蚂蚁或者其他地下害虫，预防种子被啃食。

5. 籽苗管理

夏季山竹15 ～ 20 d即可出芽（图3-10）。山竹喜湿，籽苗期间要经常保持沙床湿润。晴天时，每天淋水1 ～ 2次，早上和傍晚各淋1次，面沙湿润即可。雨天要注意排水，以免水渍烂种。播种后15 d左右开始出芽，先长出1对托叶（2叶1心），托叶较小，棕红色。随后第1对真叶由托叶间抽出，新抽出的真叶较小，颜色棕红。约15 d后叶片稳定，颜色转为深绿色，叶面积变大。在真叶展开后到稳定前，最适山竹籽苗移栽。

6. 配营养土

山竹喜欢有机质丰富的酸性或弱酸性黏性土壤，营养土一般以壤土、河沙、腐熟的有机肥混合配制而成。将配好的营养土装入育苗袋中，在苗床内排列整齐，淋透水后备用。

7. 幼苗移栽

移栽在非雨日均可进行。幼苗移栽时，沙床要先淋透水，然后才将山竹籽苗从沙床上移栽到营养袋中。籽苗从沙床移出后，需尽快栽种到营养袋中，每个营养袋栽种1株。栽种时，用小木棍在袋中插出10 cm左右深的小穴，随即将籽苗的根放入穴中，保持苗根伸直，覆土高于种子1.5 cm左右。在苗头周围用手轻轻将土压实。移栽完成后，淋足淋透定根水。

8. 袋苗水肥管理

每天早晚各淋1次水，见营养袋土面干就淋水。雨天注意排水，雨后注意及时将育苗袋中被雨水冲倒的幼苗扶正并补土。

9. 出苗

山竹袋苗生长2年左右，种苗平均高度达到25 ~ 30 cm即可出圃，直接移栽至大田种植（图3-11）。

图3-10 山竹种子出芽

图3-11 山竹实生苗

二、嫁接苗繁殖

山竹生产上常采用嫁接方式繁殖，这样可有效缩短漫长的童期。山竹顶端嫁接的最好方法是，去除砧木顶端3片叶，将接穗正好接在茎干的转绿部位（图3-12）。2年生的老砧木比1年生砧木嫁接成活率高，劈接的效果要比腹接好。同时要注意的是，嫁接操作完成后，在植株周围特别是接穗附近的湿度必须接近饱和，以防止叶片蒸腾失水导致叶面水汽压出现差异造成落叶，影响接口愈合。对于这种情况，可以在接口处包裹一层塑料薄膜盖住接穗，待接口愈合后再取下。

图3-12 山竹嫁接苗

三、压条苗繁殖

一般在山竹采收后的8个月左右，此时山竹生长较为旺盛，圈枝后压条苗发育，出根快，成活率对比其他时期要高，压条苗离体后母树恢复也比较快。

山竹空中压条繁殖一般选用山竹中层树冠内部的成熟结果小枝和下层可修除的枝条，枝身较为平直，生长健壮无疾病，表面无机械损伤。在选中的枝条上直径1.5 ~ 2.0 cm的部位环割两刀至木质部，两刀间距约3 cm，在两刀割痕之间再纵切一刀，以纵切的割痕为轴，沿两次割痕将表皮剥开。环剥后晾干2周，再包上生根基质。

制备生根基质一般选用透气性和保湿能力良好的材料。常用的有稻草泥条、椰糠或木糠泥团等，也可用较肥沃疏松的园土直接包扎。稻草泥条的准备：选择较长的新鲜或干稻草，放入水中浸泡4 ~ 5 d，然后捞起晾干，放入水稻田黏壤肥泥浆（或塘泥浆）中，泥浆中可适量加入复合肥和生根粉，充分搓揉均匀，做成中间大（直径5 ~ 6 cm）、两头尖、长约40 cm的稻草泥条备用。若用椰糠或木糠等疏松保湿材料，可混入1/2的泥土，加少量干牛粪、生根粉，再加水充分混合均匀，以用手抓起能成团、紧握时指缝间略有水分渗出、扔在地上容易松散者为含水适宜，不能过黏或湿度过大，否则会引起伤口腐烂或影响发根。包扎材料可以用30 cm × 40 cm的塑料薄膜或塑料绳。包基质时，先将薄膜一端扎紧在圈口下呈喇叭状，再填入基质，边填边压实，最后把薄膜包成筒形，再扎紧上端（图3-13）。包裹生根基质期间，如果发现薄膜下的基质干燥，可以用注射器来补充水分，提高压条的成活率。

图3-13　山竹空中压条（圈枝）育苗

压条育苗6 ~ 9个月后，如果发现在薄膜下新生的根布满基质，就可以把压条苗从母树上剪下。方法是用修枝剪或小锯在贴近扎口下端的部位截断枝条，将枝条连同薄膜包裹的生根基质一同取下，枝条截面尽量向下，截面处可涂波尔多液防止细菌入侵。取下压条苗之后，尽快将其转入高荫蔽度（70% ~ 85%）的棚内进行假植，假植苗上的叶片保留2片以上，叶片密集的话需要适当疏剪。

压条苗装在带孔的塑料袋内，70%～85%荫蔽度下假植，营养土按照壤土：有机肥为5：1的比例混合。压条苗植入袋中的时候淋足定根水，过后每个晴天淋一次水以保持湿润。当抽生第一对新叶后，每周加施0.5%尿素水肥一次。当假植苗有3～4对成熟叶片后即可炼苗定植。定植前2周左右，打开荫棚两侧的遮阳网炼苗，同时避免阳光直射种苗造成晒伤。炼苗后的种苗即可定植，定植到大田后种苗也应该避免全天阳光直射。

四、扦插苗繁殖

选择芽眼饱满、无病害或强壮的山竹结果嫩枝作为插穗，消毒杀菌后置于生根液（含吲哚丁酸）中浸泡1 h左右，然后插在无土的细纤维、细膨胀岩培养盘中，控制温度27～30℃、湿度75%～80%、荫蔽度70%～85%，经过20～45 d生根发芽后，移植到荫蔽度40%～75%的棚内，避免阳光直射，定植在营养土袋内，定时定量给水给肥，经过45～90 d，逐渐撤掉四周的遮阳网，同时避免阳光直射，待苗长至35 cm以上，就可以出圃作为种苗移栽至大田。

五、组织培养苗繁殖

1.外植体的选择、消毒及培养

选取新鲜、成熟的山竹果实，先用洗洁精进行表面清洗，然后放置于流水中冲洗1 h，接着转至超净工作台用70%乙醇擦拭表面进行初步消毒，然后用消毒后的刀将其剖开，取出种子，小心将表面纤维包衣去除。将山竹种子用75%乙醇消毒30 s，然后用无菌水冲洗3～4遍，用5%次氯酸钠消毒15 min，用无菌水冲洗3～4遍，再消毒10 min，再用无菌水冲洗4～5遍。将消毒后的山竹种子横向切开，接种在改良的MS培养基上，含6-苄基腺嘌呤3.0 mg/L、赤霉素1.0 mg/L、蔗糖30 g/L、卡拉胶7.5 g/L，pH 5.8，放在培养室进行启动培养。

2.增殖培养

待培养室内幼芽长度为3～4 cm时，将芽体基部切下，保留带顶芽的2～3 cm部分，接种到增殖培养基中培养40 d。

3.生根培养

将增殖芽接种于含有吲哚丁酸的1/2改良MS培养基上进行生根培养，并加入蔗糖30 g/L、卡拉胶7.0 g/L，保持pH 5.8（图3-14）。

图3-14 山竹组织培养苗（李敬阳 摄）
A.诱导 B.增殖 C.生根

第六节 栽培管理

一、建园选址

山竹是多年生经济树种，寿命长达70年，但生长缓慢，所以其种植园地的选择一定需综合考虑适宜山竹生长的地形地貌、土壤环境状况及气候条件等因素。

（一）地形条件

山竹园地应选择在天然屏障较好，坡度小于20°的半山坡、缓坡地及平地种植，并且园地应集中连片，以方便管理（图3-15、图3-16）。园地土层深厚，土壤肥沃，土壤结构良好，地下水位0.5 m以下。园地应排灌方便，最好具有满足灌溉的稳定水源。

（二）土壤条件

山竹适宜在多种类型的土壤上生长，但不能适应石灰质土壤、沙质冲积土及腐殖质低的沙土。热带地区，透气、深厚、排水好、微酸、富含有机质的黏壤土和壤土最适合山竹的生长。土壤类型以pH 6.5左右的沙质赤红壤、黄红壤、砖红壤类壤土为宜。

图3-15　山竹环山行种植

图3-16　山竹平地种植

（三）园内设施

山竹园内设施包括道路、沤肥池、抽水房和管理房等。道路包括主路和作业路。主路一般宽3 m，主路上可行驶汽车或大型拖拉机，在适当位置加宽至10 m以便会车；为了方便小区日常作业，设置从主路通向各个小区的支路（作业路宽约1.2 m）。在园区内的主路和作业路要形成道路网。主路修成厚20 cm的水泥浇筑路，作业路修成鹅卵石水泥路面。粪池和沤肥坑应设在各区路边，以便运送肥料。一般0.7 ～ 1 hm^2山竹园应设置1口粪池或沤肥坑，可积蓄25 ～ 30 t的肥料，供山竹一次施肥用量。管理房包括仓库、包装场和农具间等，应遵循便于管理的原则设置。

（四）排灌系统

灌溉系统：为了保证山竹生长所需的水分，要因地制宜地利用河沟山泉、自打水井、山塘水库蓄水引水等灌溉配套工程，并在果园高处自建蓄水池用于旱季蓄水或果园自压喷灌。蓄水池的大小应根据每株果树需水量来建设。

排水系统：南部地区年降水量较大，夏秋季节台风频繁，强对流天气频发，降雨强度大。因此，果园规划要提前做好排水保土系统的设置。

阻洪沟：果园上方山地，暴雨时积集大量雨水向下流，易引起冲刷。宜在园地外围上方设置环山阻洪沟，切断山顶径流，防止山洪冲入果园，也可以兼作环山蓄水灌溉渠。环山沟应与山塘连接，将多余的水收集用于灌溉水源。

排水沟：果园应有纵向排水沟和横向排水沟，排除园地积水。尽量利用天然低地作为纵向排水沟，或在田间道路旁边设纵向排水沟，排水沟深、宽各20 ～ 30 cm。横向排水沟设在梯田内侧，且每一梯级环山间隔2株做一土埂，既能防止冲刷，又能延长果园湿润时间。

（五）防护林

海南岛每年7 ～ 10月受台风的环境影响很大，为了减少台风危害，降低常风风速，提高园地湿度，应在园区营造防护林带。防护林的类型一般选择透风结构林带。同时设置防风林也可以起到一个相对隔绝外部环境的作用，减少外部环境因素、人为因素对果园的影响。

二、栽植技术

（一）栽培模式

1.矮化密植模式

常规的传统栽培模式是追求单株的高大，单株的产量为主，栽培较稀，株行距一般都在7 m以上，每公顷种植195 ～ 330株，植株比较高，一般山竹长出16对侧枝后进入结果期，这样的栽培模式，一是不抗风，在我国主产区海南每年7 ~ 10月是台风高发期，容易被台风危害；二是管理过程中劳动力成本过高，主要表现在摘果、修剪、用药等劳动效率低下，再加之劳动力成本较高，增加了生产成本，且不便于田间操作。

采用矮化密植新栽培模式，一般株行距在（4 ~ 5）m×（5 ~ 6）m，每公顷栽植450株左右。树冠矮化，一般在树高4 m左右时打顶，阻止树身继续增高，方便果实采摘且植株更抗风，日常管理成本也低（图3-17）。

2. 间作栽培模式

山竹间作栽培模式，国内主要有3种：山竹间作榴莲（图3-18）、山竹间作红毛丹（图3-19）、山竹间作槟榔。

图3-17 山竹矮化打顶

图3-18　山竹间作榴莲

图3-19　山竹间作红毛丹

（二）栽植要点

1. 定植时间

海南一般一年四季均可种植，但推荐优先在春植、秋植。具有灌溉条件的6 ~ 9月种植，没有灌溉条件的果园应在雨季定植。袋苗一般在阴天或在晴天下午定植，避免在雨天或者太阳暴晒时候定植。

2. 开穴施基肥

定植穴需提前1个月挖好，定植穴的大小一般为60 cm × 60 cm × 60 cm。穴土表层土与底层土分别放置。每个定植穴施15 kg腐熟的有机肥和0.5 kg钙镁磷肥。施基肥时先将表土填入穴中，再将有机肥、钙镁磷肥与底层穴土搅拌均匀混合成肥土备用。

3. 起苗移植

幼树起苗。根据定植时间一般应选择苗木停止生长之后和萌芽之前的秋末至初春，尽量选择阴雨天进行移植。

幼树起苗一般有两种方式，一种是2 ~ 3年生苗木可采用裸根起苗，因其主根细长，侧根不发达，因此一定要注意保留好根系，主根过长时可适当短截，剪除病根，起苗前适量修剪枝叶。另一种是带土球起苗。为提高成活率，多花山竹多采用带土球起苗，所带土球大小视苗木地径大小而定，一般土球直径为苗木地径的4 ~ 6倍，并在起苗后适当修剪枝叶，对受伤根系进行削平处理。若是栽种容器苗，移栽时需除去营养袋，营养土不用打散，直接栽种到苗坑。

4. 小苗定植

选择实生苗，或者嫁接苗定植都可以。定植前去掉病虫枝叶及残叶，再剪去一些过多的叶片，避免蒸发量大，失水过多。定植时，去掉种苗营养袋，放入穴中，种苗的支撑棍不必拔出来，带棍一起栽苗，发挥防风的作用。接着回填肥土。山竹采用矮化密植，定植的株行距规格一般为4 m × 4 m，种植密度为每公顷630株左右。地形平坦、土壤肥沃的园地密度可增加至每公顷750株。

5. 淋定根水

当定植后，修好树盘，及时淋透定根水，定根水的作用：一是及时给植株提供水分；二是定根水能让土壤与植株根系充分结合，避免造成根毛悬空与土壤颗粒空隙之间，从而造成植株缺水而旱死。定根水的用量一般每株15 ~ 30 kg，根据具体土壤条件而定。

6. 幼苗遮阴

山竹早期生长需要弱光环境，荫蔽度40%～75%最适宜山竹的生长。幼苗不适合强光照射，只宜弱光照生长。直接光照下，山竹的叶片，特别是新抽生的叶片，容易受强光照射而灼伤，这也是山竹幼苗生长慢的主要原因之一。因此要对山竹幼苗进行有效的遮阴。在山竹四周打桩，用木棍、竹竿或PVC管作为支架材料，再用透光率为90%的遮阳网固定在方形支架上，搭成方形荫棚遮挡阳光，使荫蔽度达到40%～75%，此荫蔽度最适宜山竹幼树的生长。也可以在山竹种苗扶管期内，采用套种或间种槟榔、香蕉、木瓜等作物，为山竹提供所需的荫蔽环境，同时解决了山竹幼树至成年树期间没有经济收入的问题，增加土地收益。

7. 树盘覆盖

山竹苗定植后对其根区覆盖，可以提高成活率。可以利用园区内生长的铁芒萁覆盖根区，既能有效保持根区土壤湿润，还能增加根区土壤有机质，以及抑制杂草生长。一般从树干向外直到树冠滴水线内的30 cm范围内保持覆盖。

三、幼树管理

山竹实生苗童期较长，一般在定植后7年完成童期的生长繁育，然后才能进入结果期；嫁接苗童期相对较短，一般定植5年后可结果，在进入结果期前都称为幼树。幼树的管理主要包括肥水管理、树体管理、土壤管理等。

（一）肥水管理

1. 定植后第一年的施肥管理

幼树成活时还在旱季，需要施1次尿素水肥，可结合淋水进行。每株施用量100 mL，浓度2%，促进山竹小苗生长。雨季初期，施1次有机肥加钙镁磷肥。每棵树用10 kg有机肥，混合0.25 kg的钙镁磷肥。在植株两侧开穴，撒施。回土时先将表土填到根系分布层，底土与有机肥混匀后压在中层和表层。雨季期间，施肥2～4次。用氮磷钾比例为15∶15∶15的三元复合肥，在幼树两侧开沟撒施，东西和南北两侧依次轮换施肥。每棵幼树复合肥用量共为0.1 kg，施肥完后及时覆土。

2. 定植后第二年的施肥管理

施肥的规律和肥料的种类与第一年一样。不同的是施肥量发生了变化。旱季，用尿素溶成2%的水肥，共施用2次，每次每棵树100 mL。雨季初期，有机肥的用量为10 kg，钙镁磷肥的用量为0.25 kg，氮磷钾复合肥的用量增加到0.2 kg。

3. 定植后第三年的施肥管理

旱季，用速效氮肥溶成水肥时，氮肥的用量增加到每棵树施用2%尿素2次，每次150 mL。雨季初期，有机肥的用量15 kg，钙镁磷肥的用量0.4 kg。雨季期间，氮磷钾复合肥的用量增加到0.25 kg。

4. 定植后第四年的施肥管理

旱季，用速效氮肥溶成水肥时，氮肥的用量增加到每棵树施用2%尿素3次以上，每次150 mL。雨季初期，有机肥的用量20 kg，钙镁磷肥的用量0.4 kg。雨季期间，氮磷钾复合肥的用量增加到0.25 kg，视树体长势及气候田间适当增减。

（二）树体管理

山竹幼树树体管理主要是培养早结丰产树形，适合矮化密植模式的树形。山竹树属单轴分枝，侧枝对生于主干，小枝又对生于侧枝。一般，山竹长出16对侧枝后进入结果期，树冠自然成为宝塔形丰产树形。山竹长到4 m后进行打顶，实施控上促下，控制山竹的高度，进行矮化。

山竹幼苗生长非常缓慢，这有很大一部分的原因是根系生长弱、侧根不发达。山竹幼苗每个月的平均高度生长量约为2.6 mm，每2个月增长1对叶片。人们常常采用嫁接的繁育方式来针对性地解决山竹根系不发达的情况，将山竹幼苗嫁接在具有强壮根系的同属或近缘植物上，可以有效解决根系羸弱导致的山竹生长缓慢的问题。但也有“虽然嫁接可以缩短童期，缩短非生产期，但是会导致山竹往后的生长变缓，果实变小”的说法，但还未获得科学验证。还有一种植物激素促进山竹幼苗生长的方法，用赤霉素和6-苄基腺嘌呤处理山竹的芽，再施加细胞激动素和营养素来促进幼苗的生长速度，效果十分显著。

（三）土壤管理

山竹幼树果园的土壤管理主要包括扩穴改土、培肥增效、果园覆盖等。山竹苗定植后对其根区覆盖，可以提高成活率。可以利用园区内生长的铁芒萁、豆科牧草或者地布等覆盖根区，既能有效保持根区土壤湿润，还能增加根区土壤有机质，以及抑制杂草生长。一般从树干向外直到树冠滴水线内的30 cm范围内保持覆盖。根区覆盖对保证山竹健壮生长至关重要。另外，可结合施有机肥进行扩穴改土培肥作业，以保持果园树冠投影内的土壤疏松肥沃。

四、成年树管理

山竹定植5年（嫁接苗或者圈枝苗）后进入结果期，一般称为成年树。实生苗比嫁接苗等延后结果3 ～ 5年。成年树的管理主要包括肥水管理、土壤管理、花果管理等。

（一）水分管理

1 ~ 2月，为山竹开花授粉期。山竹雄花开放前需要一小段时间的干旱。

3 ~ 6月，山竹进入果实生长期。此时是海南由旱季到雨季过渡的一段时间，需根据降雨合理安排山竹果园的排灌。降雨不足或过多，都会影响果实生长发育。降雨较少造成水分供应不足时，山竹果实发育缓慢、果实较小、落果；降雨较多造成土壤水分供应饱和时，容易诱发山竹果实流胶、裂果。根据天气情况，如果连续7 ~ 15 d没有降雨，需灌水保持园地土壤湿润；如果出现连续降雨的天气，需及时排水，防止园地积水。

6 ~ 7月，山竹果实进入成熟期。此时正值海南的雨季，需要注意控制山竹根系附近的水分含量，避免出现水心病的情况。做好园内排水沟建设，及时排水；必要时可以在山竹树冠下方根系部位铺设地膜，隔绝雨水；或者增设挡雨设施，但因为挡雨设施投入较大，故很少采用。

8 ~ 12月，山竹进入花芽分化期，从营养生长过渡到生殖生长。此期一般不需要灌水，保持适当干旱有利于山竹花芽分化。如果这一时期水分过多，花芽分化会推后，或者会出现冲梢现象。

（二）施肥管理

施肥对山竹各个器官的生长发育都十分重要。不同生长发育阶段，合理搭配施用有机肥、复合肥，是促进山竹营养生长、开花结实、稳定高产的保障。

1.促花肥

每年11 ~ 12月，结合旱季控水，施用N : P : K=1 : 1 : 2的高钾肥，来诱导山竹进行花芽分化，促进开花结果。施肥时在山竹树冠滴水线内挖环状沟撒施N : P : K=15 : 15 : 15的氮磷钾复合肥0.2 kg与氯化钾50 g，施肥前后适量灌水，避免化肥烧根。

2.壮果肥

每年3 ~ 5月是山竹果实膨大逐渐成熟的时期。此时山竹果树以生殖生长为主，营养生长受到抑制但也在同步进行，所以肥料需求应同时满足两者的需求。施肥时在山竹树冠滴水线内挖环状沟撒施N : P : K=15 : 15 : 15的氮磷钾复合肥0.2 kg与氯化钾50 g，还可以加入0.2 kg钙镁磷肥，更有助于果实坐果。

3.果后肥

8月山竹采收后，追施氮磷钾复合肥0.2 kg，以促进树势修复和秋梢生长。

9 ~ 10月，结合改土施用基肥。在植株两侧开穴施基肥，每穴施用混合0.25 kg钙镁磷的腐熟有机肥10 ~ 15 kg和氮磷钾有机肥0.2 kg，将土和肥料混匀。每年施基肥时，东西和南北两侧依次替换。

（三）树体管理

1. 催花保果

可以通过在旱季控水来促进山竹的花芽分化，在开花前进行环割环剥处理，抑制营养生长，让更多养分供给给生殖生长，开花更旺盛。因为山竹花一般是1朵或2朵成对生长在嫩枝顶端，少有3朵或以上的情况，盛花期时要对3朵以上的结果枝适当进行疏花保果，更有利于坐果，果实品质更高。

2. 整形修剪

山竹童期生长缓慢，一般不进行修剪。山竹结果后可通过绳索固定、重物吊坠等手段强迫侧枝平行生长，以增强山竹树冠内部透光，巩固其宝塔形丰产树形，促进果树光合作用与健壮生长。根据定植的株行距，一般在树高4 ~ 6 m时打顶，阻止树身继续增高，方便果实采摘。修枝在果实采收后进行，每年的9 ~ 10月，结合新梢抽生情况，修除树冠内层的残枝、死枝和荫蔽处的纤弱小枝，以避免空耗养分，为下一年山竹丰产奠定基础。

（四）土壤管理

海南山竹种植园多处于海南岛南部山区，水土流失比较严重，加之海南岛土壤普遍缺钙缺磷，所以在山竹定植前进行园区内的改土十分有必要。种植一定年份后，适当深翻改土也相当重要。

深翻改土的方式一般是深翻扩穴，在定植坑外围挖沟，沟深约40 cm，长宽各50 cm，在沟内压杂草、施绿肥进行培肥增效，最后填上表土，改变土壤的理化性质，提高土壤肥力。也可以在沟上生草覆盖，以减少水土流失。

五、水肥一体化

山竹水肥管理中，推进实施水肥一体化技术（图3-20、图3-21）。山竹水肥一体化技术主要包括水肥池（水肥容器）、过滤器、压力泵、管道及喷头（滴灌）等部分组成。把灌溉与施肥融为一体，借助压力系统(或地形自然落差)，将可溶性固体或液体肥料，按土壤养分含量和作物种类的需肥规律和特点，配兑成的肥液与灌溉水一起，通过可控管道系统供水、供肥，使水肥相融后，通过管道和滴头形成滴灌，均匀、定时、定量施于山竹根系发育生长区域，使主要根系土壤始终保持疏松和适宜的含水量。

山竹水肥一体化优点：一是提高劳动效率，节约劳动成本。与常规施肥相比，同一工作量节约劳动力40%以上。二是提高肥料利用率，节约肥料成本。与常规施肥相比，节约肥料20%以上。三是提高果园湿度。

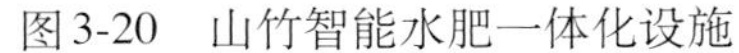
图3-20 山竹智能水肥一体化设施

图3-21 山竹水肥一体施用

第七节 采 收

一、成熟判断方法

1. 时间判断法

（1）根据山竹成熟月份判断 海南省的山竹果实基本上在6月中旬开始成熟，一直持续到10月。

（2）根据开花到果实成熟的天数判断 山竹一般是开花后110 d左右果实成熟。

2. 果实色泽判断法

紫色类的山竹果实完熟后由绿色—红色—黑紫色，果实表面颜色粉红至紫色时，都可采摘。而黄果类山竹果实成熟后呈黄色。

3. 品质判断法

果实成熟后果肉的可溶性固形物含量增加。当山竹果肉可溶性固形物含量达到15%以上时，表示果实成熟，即可采摘。

二、采收方法

1. 原始采收方式

一般来说，农户个人、小种植园的采摘方式较为粗放。果树下部的果实，多用手工采摘。手工采摘是最好的采收方式，但是一旦需要采收较高枝条上的果实时，多采用带叉子或钩子的竹竿叉钩下来，果实易坠落地面，造成机械损伤，造成果实品质低下。

2. 无伤采收方式

一般使用采果杆来实现山竹果的无伤采收。采果杆由采果兜、落果梳、手杆三部分组成。采果兜为带网袋的铁环，环口直径20 ~ 25 cm，铁环具柄，柄末与手杆相连；落果梳为硬铁丝弯制成圆环，并固定在采果兜铁环内侧，圆环两端对称地弯制成梳齿状。采果时，将采果兜置于山竹果下，拉动手杆，落果梳可将山竹果耙下并落入兜中。这种方法采摘的果实损伤率大约只有1%，并且采收速度很快。

三、分级方法

1. 基本要求

山竹鲜果应符合下列基本要求。

①果实新鲜饱满，色泽紫红至深紫色，具明显光泽，全果着色均匀。

②果实外观洁净，无任何异常色斑。

③果柄和花萼新鲜，颜色青绿，无黄褐斑，无皱缩。

④无任何异味。

⑤无病虫害。

⑥无明显外伤。

⑦果实外部除冷凝水外，无外来水。

⑧果实白色或乳白色，无任何损伤、变色或变质。

2. 等级规格

山竹鲜果等级规格见表3-3。

表3-3 山竹鲜果等级规格

项目		等级		
		优等品	一等品	二等品
品质要求	果实外观	匀称，无损伤，带完整的果柄和花萼	匀称，无损伤，带完整的果柄，允许花萼有轻微残缺	稍不匀称，果柄或花萼有明显残缺，表面有轻微损伤痕迹
	单果质量（g）	≥130	≥100	≥70
	果实大小（cm）	横径≥6.5 纵径≥5.8	横径≥6.1 纵径≥5.3	横径≥5.2 纵径≥4.6
	可食率（%）	≥33	≥30	≥29
	可溶性固形物（%）	≥13.0	≥13.0	≥13.0
限度要求		品质要求不合格率不应超过5%，不合格部分应达一等品要求	品质要求不合格率不应超过5%，不合格部分应达二等品要求	品质要求不合格率不应超过10%，不合格部分应符合基本要求

3.卫生指标

山竹鲜果卫生指标应符合GB 2762和GB 2763的相关规定。

四、包装方法

1.包装要求

①进口山竹鲜果的包装材料应遵守中华人民共和国有关法律、法规的规定，禁止携带检疫性有毒有害生物和物质。

②应按同产地、同等级规格、同批采收的山竹鲜果分别包装。

③每批报检验的山竹鲜果其规格、单位净含量应一致。

④国产山竹鲜果的包装材料应符合GB/T 6543的要求（图3-22、图3-23）。

2.包装标志

①同一批货物的包装标志，应与内装物完全一致。

②包装容器的同一部位应标有不易抹掉的文字和标记，这些文字和标记应字迹清晰、容易辨认。

③标志内容应包含品名、等级、产地、净重、发货人名、包装日期、出厂检验员代号、储运要求或标志等。

④国产山竹鲜果的标签、标志应按GB 191和GB 7718中的规定执行。

图3-22　海南五指山山竹的包装

图3-23　海南保亭山竹的包装

第八节 挑选技术

采收后的山竹果实一般需要经过漂洗、筛选、晾干、包装几个环节，才能进入市场。在这几个环节中，又需要筛选剔除坏果、劣果，根据定级指标对好果进行分级。

消费者挑选山竹果实的时候主要可通过下面几个技巧来辨别山竹的好坏。

1. 观察新鲜程度

新鲜山竹果一般表现为果实宿存的萼片绿色。如果山竹蒂头和果壳都较为水润，掂起来沉甸甸的，说明山竹水分充足，品质也更好。挑选山竹的时候，可以选几个差不多大小的掂一掂重量，重一点的会比较好，重一点的表明水分多，新鲜一些。反之，若山竹果实萼片颜色暗沉，重量轻浮，则说明该山竹果实不新鲜。

2. 捏果壳

挑选山竹的时候用手指轻压外壳，不能太硬，也不能太软。好的山竹果壳富有弹性，手指用力容易在果壳上留下凹陷，轻压之后能迅速恢复；如果果壳坚硬或表面干燥酥脆，则表示该山竹果实可能过熟或已经变质。

3. 数花瓣

挑选山竹时尽量挑底部果蒂多瓣的，一般来讲，果蒂有多少瓣，就说明果内有多少瓣果肉（图3-24）。

图3-24 山竹果瓣与果蒂瓣数对应图

第九节　储藏方法

一、产业储藏法

产业上的山竹储藏主要有两种模式。一种是长储型。库体温度一般设置在4 ～ 6℃，相对湿度85%～ 90%。这种低温高湿的储藏模式主要是为了使山竹的储藏时间尽量延长，最长可以达到40 d左右。但是这种储藏模式会影响山竹的品质，主要是会导致果皮硬化，使其看上去并不新鲜，但实际上食用品质并不会明显下降。另一种是短储型。库体温度一般设置在12 ～ 14℃，相对湿度85%～ 90%。这种储藏模式下，山竹的果皮、果肉、风味等品质显著好于4 ～ 6℃储藏，但是储藏期只有20 d左右。目前已经商业化使用的山竹气调参数为5% O_2+5% CO_2，气调库的储存时间普遍能够达到30 d左右。

二、家庭储藏法

山竹易变质，要想保存的时间长一点，可以把山竹装入保鲜袋中，留少量空气，再把袋口系紧，放进冰箱冷藏。因为低温可减少山竹水分的损失，降低果胶酶的活性，延缓老化，所以可有效延长山竹的可食用时间。

第十节　主要病虫害防控

一、主要病害及防控

山竹主要病害有炭疽病、拟盘多毛孢叶斑病、蒂腐病等。

（一）山竹炭疽病

1.症状

该病主要危害山竹嫩叶。发病初期叶片出现几个淡黄色到黄褐色的不规则小点，随着叶片生长，病斑转为深褐色到黑褐色，密布叶片表面，病斑坏死干枯，病斑上产生大量橙红色黏状粒点，最后叶片脱落。

2.病原

该病的病原为半知菌类、腔孢纲、黑盘孢目、炭疽菌属的胶孢炭疽菌复合种（*Colletotrichum gloeosporioides* species complex）。分生孢子长椭圆形，两端钝圆，直或中间略向内凹陷，内有1 ～ 2个油滴，无色，单胞，大小为（9.6 ～ 16.8）μm×（3.1 ～ 6.0）μm。

3. 发病规律

病原菌以菌丝体和分生孢子盘在土壤及病残体上越冬，翌年靠风雨传播危害。病菌主要通过伤口侵入，高温潮湿、连雨天气有利于发病。高温、失水或营养缺乏也易于发生。

4. 防控措施

①加强栽培管理。选择具有一定荫蔽的地块或铺设遮阴网的苗圃育苗；刚定植田间的幼树苗要适当遮阴。合理施肥和灌水。

②搞好田间卫生。及时剪除病叶和病残体。

③药剂防治。零星发病选用80%代森锰锌可湿性粉剂、80%多菌灵可湿性粉剂、25%苯醚甲环唑乳油、50%醚菌酯可湿性粉剂、70%甲基硫菌灵可湿性粉剂或40%氟硅唑乳油等药剂防治。每隔7 ~ 10 d喷1次，连续喷3 ~ 5次。

（二）山竹拟盘多毛孢叶斑病

1. 症状

该病主要危害叶片，病害多从叶缘或叶尖开始发病。发病初期叶片产生棕色圆形、椭圆形或不规则形的小斑点，随着病斑的扩大，病斑中央颜色变为的灰褐色至灰白色，病斑形状多为椭圆形或不规则形病斑，边缘呈浅褐色至深褐色，病斑周围有黄色晕圈；后期病斑中央轮生或散生许多小黑点，即为病原菌的分生孢子盘。危害嫩叶常造成叶片卷曲，严重时嫩叶大量脱落；危害成熟叶片，叶片一般不会卷曲（图3-25）。

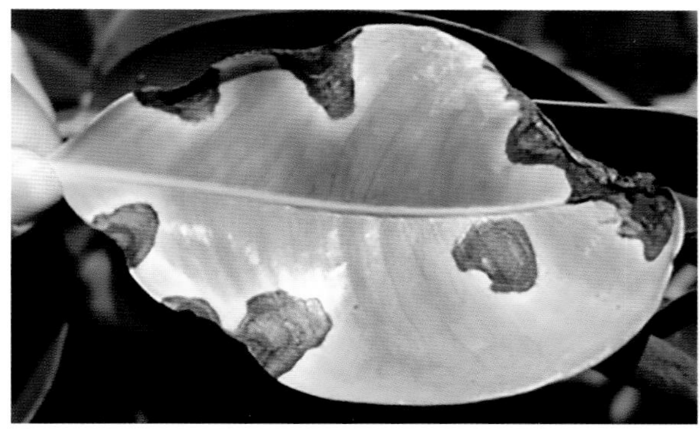
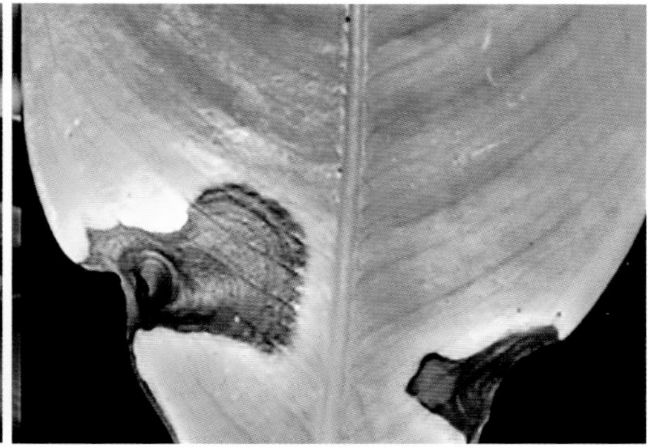

图3-25 山竹拟盘多毛孢叶斑病的症状（谢昌平 摄）

2. 病原

该病的病原为半知菌类、腔孢纲、黑盘孢目的拟盘多毛孢属（*Pestalotiopsis* sp.）病菌。病菌在PDA培养基上呈白色，边缘不整齐；气生菌丝较发达；菌落正面的颜色为白色（图3-26 A），背面的颜色为浅黄色，菌落具同心轮纹（图3-26 B）。分生孢子盘黑色，分生孢子纺锤形，4个隔膜5个细胞，中间3个细胞褐色，两端细胞无色，分生孢子大小（11.0 ~ 15.6）μm×（2.6 ~ 3.1）μm，顶端细胞有2 ~ 3根无色顶端附属丝，基部细胞有1根尾端附属丝（图3-26 C）。

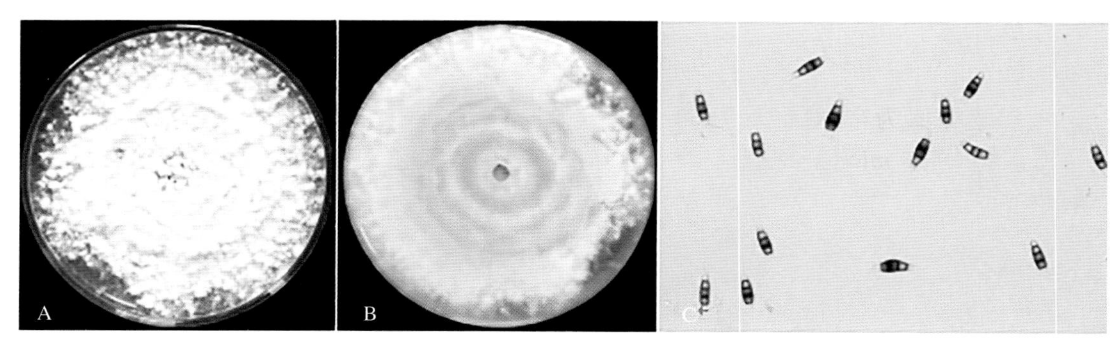

图3-26　山竹拟盘多毛孢叶斑病病菌的菌落和分生孢子（谢昌平　摄）
A和B.PDA培养基上的菌落（A为正面，B为背面）　C.分生孢子

3.发病规律

病菌以分生孢子盘和菌丝体的形式在病叶片内越冬，翌年春季遇阴雨天气则产生大量的分生孢子，随风雨传播。分生孢子萌发形成芽管和附着胞，通过植物的伤口和气孔侵入。侵入后的菌丝体主要在寄主表皮下蔓延，逐渐形成分生孢子盘，成熟后突破表皮，在发病部位产生黑色小点。在环境条件适宜时，病部不断产生分生孢子，继续侵染危害。该病害的发生与温湿度、栽培管理和害虫危害有着密切关系：温度在28 ~ 30℃，相对湿度在95%以上，最有利于病害的发生；在肥水管理较差的果园和没有适当遮阴的苗圃发病较为常见；杂草丛生以及刚移栽在大田的小苗也容易发生病害；遭受潜叶蛾等害虫危害严重的叶片，由于造成较多的伤口，有利于病原菌的侵入，从而造成发病严重。

4.防控措施

①加强栽培管理。增施有机肥，及时清除田间杂草。小苗移栽初期，可给予适当的荫蔽，以减少因光照过强造成的叶片灼伤，创造不利于病原菌的侵入条件。及时防治潜叶蛾等害虫。

②药剂防治。发生严重时，可喷施70%百菌清可湿性粉剂500 ~ 800倍液、80%代森锰锌可湿性粉剂500 ~ 800倍液或50%多菌灵可湿性粉剂400 ~ 600倍液等防治。

（三）山竹枝条溃疡病

1. 症状

该病主要危害山竹新梢。发病初期在山竹幼嫩茎秆上出现黄色或棕褐色的线状痕迹，后期溃疡腐烂，呈现出椭圆形或狭长的凹陷伤痕，伤痕周围组织木栓化。

2. 病原

该病的病原为半知菌类、腔孢纲、黑盘孢目、拟盘多毛孢属的小孢拟盘多毛孢菌（*Pestalotiopsis microspora*）。分生孢子盘黑色，分生孢子长梭形，5个细胞，大小为（18.3 ～ 26.4）μm×（6.3 ～ 9.8）μm，中间3个细胞呈褐色，前2个颜色较深，第3个颜色略浅。分隔处明显缢缩，顶胞无色，具前端附属丝2 ～ 3根，长15.5 ～ 21.1 μm；尾孢无色，着生1根尾端附属丝，长3.0 ～ 6.5 μm。

3. 发病规律

病菌以菌丝体或分生孢子盘在病枝条越冬存活，在温暖潮湿的环境条件下，病部产生大量的分生孢子，通过枝条上的伤口或脱落叶片的叶痕侵入，引起枝条发病。一般植株长势较差，栽培管理不当，导致树势较差，抗病性较弱，发病严重；台风过后，枝条伤口较多的果园，利于该病害的发生。

4. 防控措施

①加强栽培管理。增施有机肥，提高植株自身的抗病能力，同时及时修剪过密的枝条或病残枝条。

②药剂防治。发病初期，可选用80%代森锰锌可湿性粉剂800 ～ 1 000倍液、70%甲基硫菌灵可湿性粉剂500 ～ 600倍液或25%丙环唑乳油1 500 ～ 2 000倍液喷施发病的山竹枝条。

（四）山竹果实蒂腐病

1. 症状

该病首先造成果实蒂部失去光泽而变为暗红色，2 ～ 3 d后整个果实颜色变暗，后期果实变硬，发病部位呈灰黑色，病果表面布满深灰色绒毛状菌丝层和黑色小点，即为病菌的分生孢子器。分生孢子器初期埋生于表皮内，后期露出表皮外。剖开果实，果肉软化，由白色变为浅灰色，后期果肉干涸或浅黑色，与果皮之间形成空洞，果实蒂部与果肉之间常长满灰黑色的霉层，后变为黑褐色。

2. 病原

该病的病原为半知菌类、腔孢纲、球壳孢目、球二孢属的可可球二孢菌(*Botiyododia theobromae*)。病菌在PDA培养基上菌落初为灰白色，后变为灰褐至褐黑色，在全光条件下，15 ～ 20 d产生黑色近球状的子实体，子座表面长满大量菌丝。每个子座内有多个分生孢子器，分生孢子器近球形，大小为（180.0 ～ 318.9）μm×（157 ～ 436.0）μm。未成熟的分生孢子短椭圆形，为单细胞，无色；成熟的分生孢子为双细胞，褐色，表面有黑白相间的纵条纹，平均大小为22.1μm × 12.9 μm。

3. 发病规律

病菌以菌丝体或分生孢子器在枯枝、树皮和落叶上越冬，或以菌丝体潜伏在寄主体内越冬。翌年环境条件适宜时，分生孢子自分生孢子器涌出，经雨水溅射或昆虫活动进行传播，潜伏在果实上，待果实近成熟或成熟时，即可表现出症状。通常在果园栽培管理不当、湿度较大时较易发生；果实采后未及时保鲜或采摘时果柄损伤的发病严重；在高温高湿环境下储藏易发生此病。

4. 防控措施

①搞好果园卫生，减少初侵染源。果园修剪后及时把枯枝烂叶清除，修剪时尽量贴近枝条分枝处剪下，避免枝条回枯。

②果实采收时采用“一果二剪”法，可降低病菌从果柄侵入的速度和概率。

③果实采后及时作保鲜处理。可采用45%特克多悬浮剂500倍液处理5 min或45%咪鲜胺乳油500 ～ 1 000倍液浸果2 min。

④采用一定浓度的植物生长调节剂（如赤霉素等）涂抹果蒂，对降低蒂腐病病果率有一定作用。

⑤将采收处理后的果实置于10 ～ 13℃储藏，也可延缓该病的发生和发展。

（五）山竹果腐病

1. 症状

采后的山竹成熟果易发此病。发病初期先在果蒂周围褪色变褐，进而很快发展到果肉内，果皮变成黑褐色，造成果实挤压后易凹陷，甚至腐烂。后期病果的果皮上产生大量小黑点，即为病原菌的分生孢子器。

2. 病原

该病的病原为半知菌类、腔孢纲、球壳孢目、囊孢属的柑橘蒂腐囊孢菌（*Physalospora rhodian*）。病菌分生孢子器为黑色，椭圆形，有孔口，直径为150 ～ 180 mm；分生孢子为椭圆形，2个细胞、具条纹，大小为24 μm × 15 mm。

3. 发病规律

病菌以菌丝体或分生孢子器在枯枝、树皮上越冬。翌年环境条件适宜时，分生孢子自分生孢子器涌出，经雨水溅射进行传播，潜伏在果实上，待果实近成熟或成熟时，即可表现出症状。通常在果园栽培管理不当、湿度较大时较易发生；果实采后未及时保鲜、成熟果实受损伤、储藏地方过于潮湿，均易诱发此病。

4. 防控措施

①采收不要在雨后或晨露未干时进行。从采收到搬运、分级、打蜡包装和储藏的整个过程，均应避免机械损伤，特别是不能拉果剪蒂、果柄留得过长和剪伤果皮。

②储藏的果实采下时应立即用药液浸果1 min左右。药剂可用45%扑霉灵乳油2 000倍液、50%施保功可湿性粉剂1 500 ～ 2 000倍液、45%特克多悬浮剂450 ～ 600倍液、70%甲基硫菌灵可湿性粉剂500 ～ 700倍液、50%多菌灵可湿性粉剂500 ～ 700倍液。在每10 kg上述药液中加入1 g的2,4-D，有促进果柄剪口愈合、保持果蒂新鲜、提高防效的作用。

③有条件时应将储藏地的温湿度控制在适当范围内，并注意换气。

二、主要虫害及防控

（一）银毛吹绵蚧

1. 危害概况

银毛吹绵蚧（*Icerya seychellarum*）属半翅目绵蚧科。以若虫和雌成虫群集危害山竹叶芽、嫩叶及枝条，造成被害叶颜色发黄、枝梢枯萎，引起落叶、落果，树势衰弱，严重者全株死亡。

2. 形态特征

成虫　雌体长4 ～ 6 mm，橘红或暗黄色，椭圆或卵圆形，后端宽，背面隆起，被块状白色绵毛状蜡粉，呈5纵行：背中线1行，腹部两侧各2行，块间杂有许多白色细长蜡丝，体缘蜡质突起较大，长条状淡黄色。产卵期腹末分泌出卵囊，约与虫体等长，卵囊上有许多长管状蜡条排在一起，貌似卵囊呈瓣状。整个虫体背面有许多呈放射状排列的银白色细长蜡丝，故名银毛吹绵蚧。触角丝状，黑色，11节，各节均生细毛。足3对，发达，黑褐色。雄体长3 mm，紫红色，触角10节、似念珠状，球部环生黑刚毛。前翅发达，色暗；后翅特化为平衡棒,腹末丛生黑色长毛。

卵　椭圆形，长1 mm，暗红色。

若虫　宽椭圆形，瓦红色，体背具许多短而不齐的毛，体边缘有无色毛状分泌物遮盖；触角6节，端节膨大成棒状；足细长。

雄蛹　长椭圆形，长3.3 mm，橘红色。

3.发生规律

银毛吹绵蚧1年发生1代，以雌虫越冬，翌春继续危害。初龄若虫在叶背主脉两侧定居，2龄后转移到枝干上群集危害，成熟后不再移动，分泌卵囊并产卵于其中，卵7月上旬开始孵化，分散转移到枝干、叶和果实上危害，9月雌虫转移到枝干上群集危害，交配后雄虫死亡、雌虫危害至11月陆续越冬。雄虫少，多营孤雌生殖。

4.防控措施

①农业防治。加强水肥管理，增强树势，提高抗虫害能力。结合果树修剪，剪除密集的阴生枝、弱枝和受害严重的枝。

②生物防治。保护和利用天敌，如黑缘红瓢虫和红点唇瓢虫等，以发挥其自然控制蚧类的作用。

③化学防治。在卵孵化高峰期喷洒如下药剂：40%啶虫脒·毒死蜱1500～2000倍液、5.7%甲氨基阿维菌素苯甲酸盐乳油2000倍液或5%吡虫啉乳油1000倍液，7～10 d后再喷1次。

（二）茶黄蓟马

1.危害概况

茶黄蓟马（*Scirtothrips dorsalis*）属缨翅目蓟马科。成虫和若虫锉吸山竹的嫩梢、叶片、花、果实等汁液，受害的嫩叶、嫩梢变硬，卷曲枯萎，节间缩短；花受害后会大量脱落，幼嫩果实受害后会在表面形成花皮、硬化，严重时造成落果，严重影响山竹产量和品质。

2.形态特征

雌成虫　体长0.9 mm，橙黄色。触角8节，暗黄色，第1节灰白色，第2节与体色同，第3和第4节上有锥叉状感觉圈，第4和第5节基部均具1细小环纹。复眼暗红色。前翅橙黄色，近基部有一小淡黄色区；前翅窄，前缘鬃24根，前脉鬃基部4+3根，端鬃3根，后脉鬃2根。腹部背板第2～8节有暗前脊，但第3～7节仅两侧存在，前中部约1/3暗褐色。腹片第4～7节前缘有深色横线。

雄成虫　触角8节，第3和第4节有锥叉状感觉圈。前胸宽大于长，背板布满横纹，前缘有鬃1对，中部有鬃1对，后缘有鬃4对，内侧的2对鬃最长。腹部第2～8节背片两侧有密排微毛。

卵　肾形，长约0.2 mm，初期乳白色半透明，后变淡黄色。

若虫　初孵若虫白色透明，复眼红色，触角粗短。头、胸部长度约占体长的一半，胸宽于腹。2龄若虫体长0.5～0.8 mm，淡黄色，中后胸与腹部等宽，头、胸长度略短于腹部长度。3龄若虫（前蛹）黄色，复眼灰黑色，翅芽伸达第3腹节。4龄若虫（蛹）黄色，复眼前半部红色，后半部黑褐色。触角紧贴体背。翅芽伸达第8腹节。

3.发生规律

1年发生10余代，生活史复杂，为不完全变态发育。以两性卵生为主，少量进行孤雌生殖，卵产于芽或嫩叶表皮下。成虫活泼、喜跳跃，受惊后能从栖息场所迅速跳开或举翅迁飞。成虫有趋向嫩叶取食和产卵的习性。成虫、若虫还有避光趋湿的习性。

4.防控措施

①山竹刚现花蕾时用40%吡虫啉100倍液喷雾，7 d后用2%阿维·吡虫啉1 500倍液喷雾。

②山竹花谢后出现小果时，用2%阿维·吡虫啉3 000倍液、10%溴氰虫酰胺（倍内威）3 000倍液、22%氟啶虫胺腈（特福力）1 500倍液或25%吡蚜酮1 500倍液喷雾。

（三）柑橘潜叶蛾

1.危害概况

危害山竹的潜叶蛾主要是鳞翅目潜叶蛾科的柑橘潜叶蛾（*Phyllocnistis citrella*），又称潜叶虫、细潜蛾、鬼画符，幼虫潜入嫩茎、嫩叶表皮下取食叶肉，留下透明表皮层，形成银白色弯曲的隧道，中央有虫粪形成一条黑线。其危害导致山竹新叶卷缩、硬化，叶片脱落，伤口诱发溃疡病。

2.形态特征

成虫　体长1.5～2.0 mm，翅展4.2～5.3 mm，体银白色，触角丝状14节。前翅披针形，基部伸出2条黑褐色纵纹，一条靠翅前缘，一条位于翅中央，长达翅的1/2，翅2/3处有Y形黑斑纹，翅端有1圆形黑斑，斑前有1小白斑点。后翅披针形，缘毛较长。足银白色，胫节末端有1大距。

卵　扁圆形，无色透明，直径0.25 mm。

幼虫　体黄绿色。初孵幼虫体长0.5 mm，胸部第1和第2节膨大成近方形，尾端尖细，足退化。老熟幼虫体扁平，长约4 mm，每体节背中线两侧有2个凹陷，排列整齐。腹部末端有1对细长的铗状物。

蛹　纺锤形，长约3 mm，初为淡黄色，后为深黄褐色。腹部第1节，第6～10节两侧有肉质突起。

3.发生规律

在四川和湖南1年发生10～12代，主要危害晚夏梢和秋梢；广西、广东、海南则1年发生15代。雌成虫期平均7～8 d；卵期1～1.5 d；幼虫期4～7 d；预蛹期1.5～2 d，蛹期5～7 d。柑橘潜叶蛾幼虫主要危害夏梢、秋梢和晚秋梢。在年抽梢3～4次的橘园，幼虫有3个盛发期。抽梢5～6次的橘园，幼虫有4～5个高峰期。成虫和卵盛发后10 d左右，便是幼虫盛发期。管理差、种植品种多样、树龄参差不齐的橘园，发生危害严重。

4. 防控措施

①农业防治。加强栽培管理，做好预测预报。

②物理防治。冬季剪除带有幼虫和蛹的晚秋梢和冬梢。

③生物防治。一是保护和利用天敌昆虫。柑橘潜叶蛾幼虫的天敌有橘潜蛾姬小蜂（*Elachertur* sp.），捕食天敌有亚非草蛉（*Chrysopa boninensis*）、中华通草蛉（*Chrysoperla sinica*）、微小花蝽（*Orius minutus*）等，可加以保护利用。二是施用生物源药剂。可选用生物源药剂如青虫菌6号液剂1 000倍液进行喷雾防治。

④化学防治。山竹新叶受害率达5%左右开始喷第1次药，以后5 ~ 7 d再喷1次，连续喷2 ~ 3次，重点喷布树冠外围和嫩芽嫩梢。可选用的药剂有20%甲氰菊酯3 000倍液、2.5%溴氰菊酯乳油3 000倍液、20%多杀菊酯2 500倍液或20%速效菊酯乳油2 500倍液。

本章参考文献

曹机良,翟海峰,吴凤俣,2017. 山竹壳色素对纯棉针织物染色研究[J]. 针织工业(8): 33-36.

曹菁,韩超明,张桂莲,等,2017. 8-烯丙基山竹醇的合成及其抗癌活性研究[J]. 有机化学,37(8): 2086-2093.

陈兵,蒋菊生,崔志富,2014. 海南山竹子种苗繁育技术[J]. 广东农业科学,41(8): 57-59.

陈丽萍,2014. 山竹果壳提取液中金纳米粒子的生物合成及光谱性质研究[J]. 化学研究与应用,26(1): 74-80.

陈文良,张孝友,陆原,2010. 热带植物山竹在美容护肤领域应用的研究进展[J]. 农产品加工(学刊)(11): 77-79.

迟淑娟,王仕玉,2009. "热带果后" 山竹子研究现状[J]. 东南园艺(3): 57-61.

范润珍,彭少伟,林宏图,2006. 山竹壳色素的提取及其稳定性研究[J]. 食品科学(10): 358-362.

傅家祥,赖锦良,2015. 多花山竹子育苗及移栽技术[J]. 中国林副特产(2): 48-49.

高艳梅,陈兵,范愈新,等,2016. 不同饱满度和不同处理对山竹子种子萌发的影响[J]. 中国热带农业,(4): 47-49.

高艳梅,周玉杰,陈兵,等,2016. 生长调节剂对山竹子多胚萌发及幼苗生长的影响研究[J]. 中国热带农业(3): 56-58.

黑玲玲,2018. 山竹椰奶复合果酒的酿造工艺综述[J]. 食品安全导刊(12): 127.

黄景晟,陈遂,吴志成,2017. 山竹果皮中羟基柠檬酸含量分析[J]. 化工管理(14): 155-156.

黄文烨,郭秀君,黄雪松,2015. 山竹壳果胶提取及流变学特性[J]. 食品工业科技,36(10): 237-240.

蒋依辉,李春雨,戴宏芬,等,2011. 山竹的食用药用价值及综合利用研究进展[J]. 广东农业科学,38(3): 50-53.

李娥,董润璁,2015. 山竹提取物的钙拮抗作用及对心肌缺血的影响[J]. 生物技术世界(10): 140.

李西林,张红梅,谭红胜,等,2016. 中国藤黄属植物的资源分布、分类与可持续利用[J]. 世界中医药,11(7): 1176-1179.

李小宁,崔永珠,吕丽华,等,2015. 山竹壳色素对棉针织物染色性能分析[J]. 针织工业(3): 47-50.

李肇锋,周俊新,黄华明,等,2015. 多花山竹子扦插繁殖技术研究[J]. 武夷学院学报,34(12): 7-11.

龙兴桂,冯殿齐,苑兆和,等,2020. 中国现代果树栽培[M]. 北京: 中国农业出版社.

卢丹,2010. 若干药用植物有效成分的反相高效液相色谱分离分析方法研究[D]. 杭州: 浙江大学.

吕名秀,曹伟娜,刘阿景,等,2017. 山竹壳提取液对羊毛的染色[J]. 毛纺科技(2): 21-27.

莫柳园,石国欢,陈燕,等,2020. 岭南山竹子栽培技术[J]. 现代农业科技(24): 109-110.

彭文书,陈毅坚,钟文武,等,2011. 山竹果壳色素的稳定性及抑菌活性研究[J]. 食品研究与开发,32(12): 55-60.

谈梦仙,洪孝挺,吕向红,2016. 山竹壳活性炭的制备与吸附性能研究[J]. 华南师范大学学报(自然科学版),48(2): 46-51.

辛广,张平,张雪梅,2005. 山竹果皮与果肉挥发性成分分析[J]. 食品科学(8): 291-294.

徐涛, 2016. 山竹果壳的化学成分和药理作用研究[D]. 上海: 东华大学.
叶火春, 张静, 周颖, 等, 2016. 山竹果皮提取物农药活性研究[J]. 热带农业科学, 36(2): 64-68.
翟学昌, 宋墩福, 彭丽, 等, 2011. 乡土树种多花山竹子育苗技术[J]. 林业实用技术 (9): 34.
章斌, 侯小桢, 郭丽莎, 2011. 山竹壳色素稳定性研究[J]. 食品与机械 (3): 41-43, 47.
赵骁宇, 徐增, 蓝文健, 等, 2013. 山竹的化学成分及其呫吨酮类化合物的药理作用研究进展[J]. 中草药, 44(8): 1052-1061.
DAGAR J C, SINGH N T, 1999. Plant resources of the Andaman & Nicobar Islands. [J], Environmental Science, 1.
GANCY, LATIFF A A, 2011. Extraction of antioxidant pectic-polysaccharide from mangosteen(*Garcinia mangostana*) rind: Optimization using response surface methodology[J]. Carbohydrate polymers, 83(2): 600-607.
GEDEON A G J, Rafaela A P, et al, 2019. Substrate and quality mangosteen seedlings[J]. Revista Brasileira de Fruticultura, 41(3).
MAI D S, NGO T X, 2012. Survey the pectin extraction from the dried rind of mangosteen (*Garcinia mangostana*) in Vietnam[C] // Proceedings of first AFSSA conference. Osaka, Japan: Food Safety and Food Security held at Osaka Prefecture University: 64-67.

第四章 面包果

第一节　发展现状

一、面包果起源与分布

面包果，学名*Artocarpus altilis*，为桑科波罗蜜属特色热带果树，可作为热带粮食作物产业开发，粮果兼优。波罗蜜属的属名*Artocarpus*来源于希腊文artos（面包）和karpos(果实)，就是面包果的意思。其果实烘烤后，口感、质地和面包类似（图4-1），面包果名字由此而来。

图4-1　面包果片

面包果又称面包树，原产于波利尼西亚和西印度群岛，是当地的特色粮果作物，萨摩亚、斐济、瓦努阿图、塞舌尔、马尔代夫、毛里求斯、夏威夷、牙买加、印度尼西亚、越南、尼日利亚、塞拉利昂、科摩罗等国家和地区有种植。当前在原产地或引种地，面包果规模化商业栽培相对较少，一般是农林作物复合栽培和庭院种植的重要组成部分，以相对较低的资金和劳动力投入就可促进农业可持续生产，是名副其实的“懒人作物”。据记载，原产地的面包果结果量可达6 t/hm^2，与其他常见的主要作物相比毫不逊色，并已被认为是最有潜力解决世界热带地区粮食短缺问题的作物之一。

在南太平洋地区，萨摩亚是面包果主产区之一，主要用于家庭消费，并有少量出口；近年，斐济农业部门较重视面包果推广种植工作，种植面积逐年增加；加勒比海地区也是面包果的主产区，特别是牙买加有种植面包果的传统，是当地家庭的主粮之一；特别是2020年受新冠疫情影响，面临粮食短缺问题，面包果在南太平洋的岛屿国家和地区发挥了重要作用，再次帮助人们挺过了艰难时期。印度、巴基斯坦、印度尼西亚等国家种植面积有上升趋势，因其劳动力投入少，且获得产量高，能较好解决当地粮食问题。传统上面包果在全球范围内属于小宗特色作物，未被收录在联合国粮食及农业组织（FAO）的全球植物食品统计清单上。据不完全统计，世界面包果种植收获面积约25万hm^2，总产量约150万t，年产值约30亿美元。

二、我国面包果发展现状

面包果在我国热区的海南、广东、台湾等地早有引种栽培，但因其采后处理与保鲜技术不高，不耐储运，一般以就地生产和销售为主，市场上流通比较少，其他地方的人们并未对其功能用途有普遍认知。加上社会对其营养价值、功能缺乏宣传，消费者对它了解甚少。在海南省万宁市兴隆地区，除了兴隆咖啡在这里具有独特的华侨情结之外，面包果也极具华侨特色。20世纪50 ～ 60年代华侨常携带面包果回国，并植于住处周边，兴隆华侨农场一些人家品尝过面包果之后，常想方设法寻找面包果种苗并定植于庭院，作为粮果的有效补充，在华侨家中咖喱煮面包果至今还保留着那份浓郁的文化传承。面包果无核类型最早的记录，为兴隆温泉旅游区迎宾馆的两棵面包果树，株龄60多年，植株直径近1 m，仍然正常结果。引种记录表明，面包果树能在兴隆地区正常生长发育，开花结果，种植方式灵活多样，并达到较高的产量，每株一季可结果60 ～ 100个。一般种植3 ～ 5年开始结果，6 ～ 8年的面包果植株进入盛产期，年平均结果80个左右，按每个1.25 kg计算，株产量可达100 kg，产量可观，市场紧俏，成为高端餐桌上的宠儿，在兴隆地区常卖到16 ～ 20元/kg，经济价值高，产业发展处于扩大试种及适度规模化生产阶段，可因地制宜适当商品化发展，满足市场需要。

目前我国热带地区农村发展面临产业转型，农民增收渠道不多。面包果栽培管理粗放，无论山区、丘陵、平原或沿海地区均可栽培，植地遍布房前屋后、村庄边缘、公路两旁等，种植方式灵活多样，易于被乡村地区人民群众接受，也是绿化美化乡村的好资源，因而可大力推广种植。其早结丰产、食用简单方便等特点，广受群众欢迎。面包果切块煮咖喱是侨乡人传统美食，口感甚佳，有序开发特色面包果资源，做大做强优势特色产业，可彰显兴隆华侨地域特色农业产业。随着海南省建设国际旅游消费中心、自由贸易试验区，积极升级旅游产品，发力特色旅游消费，游客对各种名、优、稀、特色粮果的需求与日俱增，健康生态且营养丰富的面包果也将是大家最想了解和品尝的项目，对发展地方特色经济、实施乡村振兴具有重要现实意义。由于其天然的面包风味，近年面包果也受到新闻媒体关注，2017年4月24日中央电视台四套“远方的家”、2017年9月23日中央电视台二套“是真的吗？——面包结在树上”、2017年10月16日《海南周刊》物种栏目“长面包的树”、2019年10月19日三沙卫视“从海出发——美味的诞生”、2021年4月10日中央电视台四套“中国地名大会”等栏目对面包果进行了科普介绍及宣传，也让更多群众了解了面包果。因此，面包果是特色的热带粮果作物，种植业新贵，产业发展潜力也受到相关政府农业主管部门、新闻媒体的重视，经济价值高，市场前景看好，具有很好的开发潜力。

此外，国家发展改革委、农业农村部、国家林草局、科技部、财政部等10部门联合印发意见，提出要科学规划产业布局、加大政策引导力度，全面推动木本粮油和林下经济产业高质量发展。发展木本粮食产业契合国家粮食结构调整政策，也满足新时代人们对粮食结构更加多元化的需求。

发展面包果产业还有望成为海南省三沙市岛屿岛礁农业、粮食安全的重要战略资源之一。国家正在建设的三沙市，分布有众多零星、大小不一的岛屿岛礁，其中淡水和粮食是岛屿岛礁重要的战略资源。面包果原产在南太平洋岛屿地区，适应珊瑚礁等盐碱土壤环境条件，推广到三沙市种植潜力大，不仅能绿化岛屿岛礁，还能提供粮食资源，健全岛礁的粮食安全保障机制。

当前，国家坚持最严格的耕地保护制度，坚守耕地红线，实施“藏粮于地、藏粮于技”战略，提高粮食产能，确保谷物基本自给、口粮绝对安全。发展热带面包果产业，由于种植方式灵活多样、见缝插针，而且种植管理粗放，不占用耕地，能够种植在大量的边际土地上，缓解因粮食增产所带来的生态破坏压力，即“藏粮于树”，成为国家藏粮战略的有效延伸。无论从粮食安全预备灾年，还是丰富人民的饮食或者城市和农村绿化而言，大力发展面包果产业，都具有重要的意义。

第二节　功能营养

一、营养价值

面包果营养丰富，果肉及种子均富含蛋白质、碳水化合物、矿物质、维生素及膳食纤维。

国外研究资料表明，每100 g面包果含蛋白质1.34 g、脂肪0.31 g、碳水化合物27.82 g，以及钙、磷、铁、钾、维生素等营养成分。100 g面包果粉的热量为1 380 kJ，含蛋白质4.05 g、碳水化合物76.70 g，而100 g木薯粉的热量为1 450 kJ，含蛋白质1.16 g、碳水化合物83.83 g。与同为淀粉类食物的木薯相比，面包果的蛋白质含量更高。此外硬面包果的种子是一种富含蛋白质、钾、钙、磷和烟酸的重要资源，它在风味及质地上都与板栗极其相似，可以通过煮、烤、制作面粉或者磨成粉末加入食物等方式被食用。

对海南兴隆地区生产的面包果营养成分研究也表明，面包果具有丰富的蛋白质、维生素C、膳食纤维、淀粉和矿质元素等。每100 g面包果鲜果中总糖、还原糖和维生素C含量分别为16.02 g、0.82 g和0.028 g；面包果干样中蛋白质含量为4.25%、总膳食纤维含量为23.31%、淀粉含量为57.36%。鲜果中含有多种人体必需的矿物质，钙、镁、钠、铁、锌、锰、铜的平均含量分别为580.54 mg/kg、517.69 mg/kg、212.51 mg/kg、14.57 mg/kg、5.72 mg/kg、9.07 mg/kg、1.65 mg/kg。与相关研究结果对比发现，面包果维生素C和总膳食纤维含量丰富，明显高于甘薯、木薯和马铃薯；淀粉含量优于或者不亚于甘薯和马铃薯；矿物质钙、镁和锌的含量明显高于甘薯。

面包果中的维生素C是一般谷物中所缺乏的，却又是人体必需的。有研究者将面粉、面包果粉和大豆蛋白混合制成复合粉，用来烘焙面包和饼干，得到的产品具有较优的质地和色泽，营养丰富。将面包果与主粮产品混合食用，不仅能最大限度地发挥其自身营养价值，还能提高小麦、大米、玉米等主粮的营养价值。面包果作为粮食作物，不仅能补充能量，也是维生素C的极佳来源。

面包果中含有丰富的被营养学界称为人体第七类营养素的膳食纤维。香饮所1号面包果营养分析发现，每100 g面包果粉膳食纤维含量为23.31 g，即每100 g面包果鲜样中膳食纤维含量为5.196 g，相当于米或者面粉的10倍以上，也明显高于甘薯和马铃薯。膳食纤维虽不能直接给人体提供营养，但能参与人体的一些生命活动，能令消化减慢，从而控制餐后血糖，同时具有促进排便、减少有毒物质在体内滞留时间、保证健康的作用。丰富的膳食纤维还能增加人体的饱腹感，减少大量食物的摄入，从而有利于保持身材健美。所以，在当今饮食越来越精细的情况下，富含膳食纤维和多种营养素的面包果有望开发利用成为功能食品。

面包果果肉和种子营养成分见表4-1和表4-2。

表4-1 面包果果肉的营养成分（每100 g面包果果肉）

成分	生[1]	生[2]	蒸[3]	煮[1]	烤[2]	生[4]	煮[4]
能量（kJ）	448	285 ~ 469	448 ~ 578	314	469 ~ 482	—	—
蛋白质（g）	1.5	0.8 ~ 1.4	0.6 ~ 1.3	1.3	0.6 ~ 1.3	—	—
碳水化合物（g）	23.6	17.5 ~ 29.2	25 ~ 33	14.4	29.9 ~ 30.2	—	—
脂肪（g）	0.4	0.3	0.1 ~ 0.2	0.9	0.2	—	—
纤维（g）	2.5	0.8 ~ 0.9	2.1 ~ 7.4	2.5	0.9	—	—
水（g）	72	67.6 ~ 79.4	65 ~ 73	81	66.5 ~ 67.2	—	—
钙（mg）	25	19.8 ~ 36	10 ~ 30	13	23.2 ~ 26.4	—	—
铁（mg）	1	0.33 ~ 0.46	0.4 ~ 1.1	0.2	0.36 ~ 0.52	—	—
镁（mg）	24	26.4 ~ 41.1	20 ~ 30	23	23.1 ~ 46.2	—	—
磷（mg）	—	26 ~ 29.7	18 ~ 41	—	26.4 ~ 32.1	—	—
钾（mg）	480	224 ~ 354	283 ~ 437	350	283 ~ 339	—	—
钠（mg）	1	4.2 ~ 10.4	13 ~ 70	1	4.9 ~ 6.6	—	—
锌（mg）	0.1	0.07 ~ 0.1	0.07 ~ 0.13	0.1	0.07 ~ 0.17	—	—
铜（mg）	—	0.06 ~ 0.1	0.04 ~ 0.15	—	0.04 ~ 0.10	—	—
锰（mg）	—	0.04 ~ 0.07	0.04 ~ 0.08	—	0.03 ~ 0.07	—	—
硼（mg）	—	0.50 ~ 0.54	0.09 ~ 0.19	—	0.51 ~ 0.72	—	—
维生素C（mg）	20	18.2 ~ 23.3	2 ~ 12	22	14.1 ~ 15.4	—	—

（续）

成分	生[1]	生[2]	蒸[3]	煮[1]	烤[2]	生[4]	煮[4]
硫胺素（mg）	0.1	0.25 ～ 0.31	0.09 ～ 0.15	0.08	0.19 ～ 0.22	—	—
核黄素（mg）	0.06	0.09 ～ 0.11	0.02 ～ 0.05	0.05	0.07 ～ 0.10	—	—
烟酸（mg）	1.2	1.6 ～ 1.8	0.75 ～ 1.4	0.7	1.6 ～ 1.9	—	—
叶酸（μg）	—	—	0.67 ～ 1.0	—	—	—	—
β-胡萝卜素（μg）	24	—	8 ～ 20	30	—	48 ～ 140	1 ～ 868
α-胡萝卜素（μg）	—	—	—	—	—	10 ～ 14	5 ～ 142
β-隐黄质（μg）	—	—	8 ～ 11	—	—	1	<10
番茄红素（μg）	—	—	13 ～ 26	—	—	—	—
叶黄素（μg）	—	—	41 ～ 120	—	—	204 ～ 590	35 ～ 750
玉米黄素（μg）	—	—	—	—	—	60	10 ～ 70

资料来源：1. Dignan等，2004（品种无数据）；2. Meilleur 等，2004（1个品种，2个地点）；3. Ragone 和Cavaletto，2006（20个品种）；4. Englberger等，2007（14个水煮品种，2个生的）。

表4-2　面包果种子的营养成分（每100 g面包果种子）

成分	生[1]	水煮[1]	水煮[2]	烘烤[1]	烘烤[2]
水 (g)	56.3	59.3	59	49.7	50
能量 (kJ)	800	703	649	867	800
蛋白质 (g)	7.4	5.3	5.3	6.2	6.2
碳水化合物 (g)	29.2	32	27.3	40.1	34.1
脂肪 (g)	5.6	2.3	2.3	2.7	2.7
纤维 (g)	5.2	4.8	3	6	3.7
钙 (mg)	36	61	69	86	86
铁(mg)	3.7	0.6	0.7	0.9	0.9
镁(mg)	54	50	50	62	62
磷(mg)	175	124	—	175	—

（续）

成分	生[1]	水煮[1]	水煮[2]	烘烤[1]	烘烤[2]
钾(mg)	941	875	875	1 082	1 080
钠(mg)	25	23	23	28	28
锌(mg)	0.9	0.83	0.8	1.03	1.0
铜(mg)	1.15	1.07	—	1.32	—
锰(mg)	0.14	0.13	—	0.16	—
维生素C(mg)	6.6	6.1	6.1	7.6	7.6
硫胺素(mg)	0.48	0.29	0.34	0.41	0.41
核黄素(mg)	0.30	0.17	0.19	0.24	0.24
烟酸(mg)	0.44	5.3	6	7.4	7.4

资料来源：1. 美国农业部，2007；2. Dignan 等，2004。

二、药用价值

面包果的各个部位均有药用价值，特别是汁液、树叶、树皮和树根。将汁液涂抹在皮肤上可治疗骨折及扭伤，将它制成绑带绑在背脊上可减轻坐骨神经痛；口服稀释的汁液可治疗腹泻、腹痛、痢疾。碾碎的树叶通常用于治疗皮肤病、耳朵感染以及鹅口疮等由真菌引起的疾病；在西印度群岛，黄色的树叶可熬制成茶汤，具有降血压和减轻哮喘的功效，也可用于治疗糖尿病；在中国台湾，树叶用于治疗肝病及发烧。树皮也用于治疗头疼，研究表明树皮提取物对培养的白血病细胞、革兰氏阳性细菌具有抑制作用。树根具有很好的收敛作用，可用作通便剂，浸提后还可用作治疗皮肤病的药膏，树根提取物也具有抑制革兰氏阳性细菌的功效，在治疗肿瘤方面具有潜力。树皮和树根提取物还能有效防止紫外线对皮肤的损伤和降低皮肤表层菌类数量。此外，大鼠体内试验表明，面包果汁液能有效地清除一些自由基，抗氧化能力强。

第三节　生物学特性

一、形态特征

面包果为常绿大乔木，通常高10 ～ 15 m，树皮灰褐色、粗厚。

1. 叶

面包果的叶互生，呈螺旋状排列。叶柄长8 ～ 12 cm。叶片卵形至卵状椭圆形，长40 ～ 80 cm，宽20 ～ 48 cm，厚革质，两面无毛，背面叶脉被短毛，叶面深绿色，叶背面淡绿色，有光泽，全缘，先端渐尖；侧脉约10对。成熟的叶片羽状浅裂或羽状深裂，裂片3 ～ 8，披针形。硬面包果叶片常羽状浅裂。抱茎的托叶长10 ～ 25 cm，披针形至宽披针形，短柔毛黄绿色或棕色，毛弯曲。托叶脱落后，在枝条上留下环状的托叶痕。

2. 花

面包果的花单性，雌雄同株，花序单生于叶腋。雄花序长圆筒形至长椭圆形，或棍棒状，长7 ～ 40 cm，黄色。雄花花被管状，被毛，上部2裂，裂片披针形，雄蕊1枚，花药椭圆形。雌花序圆筒形，长5 ～ 8 cm，雌花花被管状，子房卵圆形，花柱长，柱头2裂。雌雄花序见图4-2、图4-3。

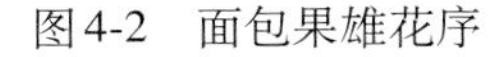

图4-2　面包果雄花序

图4-3　面包果雌花序

3. 果实

面包果的果实为聚花果，长椭圆形、椭圆形或近球状，绿色、黄色或棕色，横径8 ～ 15 cm，纵径15 ～ 30 cm，表面具圆形瘤状突起。果皮软，内面为乳白色肉质花被组成。果实内无种子或有种子，种子藏于果肉中。种子不规则扁圆形或椭圆形，长1 ～ 3 cm，浅棕色，有香味，煮食味如板栗。

二、开花结果习性

海南万宁兴隆地区的气候类型和面包果的原产地类似，属热带季风气候，具有典型的热带特征和优越的光热资源，无霜冻寒害，长夏无冬，年平均气温24.5℃，≥10℃积温约9 000℃，最冷月均温≥18℃，平均极端低温8.0 ～ 10.0℃，年降水量可达2 400 mm。水资源丰富。土壤类型为黄色砖红壤。万宁兴隆地区的面包果一般在春末夏初的4 ～ 5月开花，而在更南边的乐东黄流地区面包果常见有1 ～ 2月便观测到开花的。雌雄同株，花朵为单性花，花色淡黄。雌花丛集成圆球形，雄花集成穗状，雄花先开。有核品种经风或昆虫传粉，而无核品种果实的发育是单性结实。一般每个枝条顶部着生雄花序1个或无，雌花序1 ～ 3个，偶见4个以上，果实未成熟时外观为绿色（图4-4）。果实在夏秋季的7 ～ 9月成熟。圆球状雌花序成熟时就是可口的面包果。果实发育期一般为80 ～ 120 d，水肥、光照条件充足的植株，也有70 d左右成熟收获的。在同一株树上，每个果实成熟期也不一致，早开花则早成熟，迟开花则迟成熟。有些品种从4月起一直延续到9月花开不断，果实也就从7月至翌年1月陆续成熟。

图4-4 面包果幼果

面包果的结果部位集中在枝条顶部。种植在房前屋后土壤肥沃、光照良好、空间较大的成龄面包果树，生长茂盛，分枝多，侧枝、主枝强大，往往结果产量较高。一棵树每年可结果100 ～ 200个（图4-5）。

在果树分类中，面包果为常绿果树中的聚复果类果树。果实为聚花果，椭圆形或球形，大小不一。在原产地，果实大的如足球，小的似柑橘，大果重达3 ～ 5 kg。在兴隆地区，面包果成熟果实重可达3 kg。当果实颜色为橙黄色时，表示已成熟，可采收，此时果肉呈白色，较适合煮食（图4-6）。

图4-5　面包果高产植株

图4-6　面包果成熟果实

三、对环境条件的要求

面包果是典型的热带多年生常绿果树，生长发育地区仅限于热带、南亚热带地区，大约在北纬19° 和南纬19° 之间。生长条件受各种环境因素支配与制约，其中主要影响因素有地形、土壤和气候等。

（一）地形

海拔高低影响气温、湿度和光照强度。每一种作物都需要有不同的生态条件。地势高度引起的因素变化也导致作物品种的多样性。对于面包果来说，在主产区一般分布在热带高温潮湿沿海地区，低海拔地区是较理想的种植地。受地形影响，海拔越高，日平均气温越低。海平面常年气温在32℃左右，海拔每升高100 m，温度就会下降约0.6℃。面包果树可以适应较宽的海拔范围。在斯里兰卡，海拔600 m的潮湿地区生势仍然正常，海拔1 200 m地区也可生长和结果，但产量和品质有所下降。尽管如此，在原产地的巴布亚新几内亚地区，海拔1 500 m的地方仍然有零星生长的面包果。

（二）土壤

面包果是一种抗旱能力较差的果树，对土壤选择不严格。生长理想土壤是土质疏松、土层深厚肥沃、排水良好的轻沙土。在原产地和南太平洋的一些岛国，面包果树常分布在海边、河道两边、森林边缘，有些品种非常适应沙土、盐碱土，生长茁壮并结出果实。在海南，选择丘陵地区红壤地、黄土地或沙壤土地种植较适宜。

土壤pH在一定程度会影响土壤养分间的平衡。面包果适宜的土壤pH为6 ~ 7.5，相对耐盐碱。可用pH检测仪来检测土壤酸碱度。如果种植区的土壤pH在6以下（即酸性土），就要在土壤中增施生石灰，中和土壤酸度。海南省土壤多为弱酸性，一般定植时每公顷可同时撒施生石灰750 kg左右。土壤水位高低至关重要。总之，要重视土壤酸碱度，只要上述主要条件得到满足，面包果就可以正常生长开花结果。

（三）气候

影响面包果生长的气象因子有降水量、光照、温度、风等。

1. 降水量

面包果树生长过程需要充足水分，在年降水量1 000 ~ 3 500 mm地区都有生长，但以年降水量在1 200 ~ 2 500 mm且分布均匀者为好，相对湿度在60% ~ 80%。水是植物进行光合作用的基本条件，还有维持对土壤肥料元素的吸收功能。结果树在气候干旱时常落果，雨水不足时就要浇水。种植面包果树最好选择有灌溉条件的地块，特别是考虑发展果品商品生产时。

2. 光照

面包果和其他作物一样需要阳光，但光照过强又会一定程度上影响其生长，幼苗忌强烈光照。当嫩叶抽生展开时，极易受到太阳灼烧，需要适当遮阴，保持20%～50%的遮阴度，有利于保护植株。但长期在过度荫蔽的环境中生长，由于光照不足，会导致植株直立、分枝少、树冠小、结果少、病虫害多。适当的光照对植株生长及开花结果更有利，成年树需要足够的阳光。因此，在栽植时种植密度要适宜，应留有适当的空间，以利于植株对光照的吸收。生产实践中发现，夏季干热的气候对面包果树生长影响很大，面包果叶片大型，蒸腾作用强，水分需求量大，此时灌溉不足，果园空气中相对湿度小，强烈的光照会让面包果叶片出现烧叶、焦叶的现象（图4-7）。

3. 温度

对于气温，面包果这种作物在温度15～40℃都能生长，宜选择年均温24℃以上、最冷月均温16～18℃、无霜的地区种植。资料记载在美国佛罗里达州的最南部也能引种种植，但未能产业化发展，原因是极端最低温度是决定面包果栽培界限的主要指标，也是发生寒害的决定性因素。受轻微寒害时，面包果叶片即会出现褐化（图4-8）。在原产地，面包果在温度低于10℃时停止生长，5℃时便会受到寒害。

图4-7　面包果叶片灼烧现象

图4-8　面包果叶片轻微寒害

在海南，有些年份会遭寒流的侵袭或霜冻，经验表明在气象百叶箱温度达到5℃时，外面的温度可能会更低，少数低地会出现凝霜，所以面包果在海南中部山区和北部常常不能安全越冬。

4.风

面包果树高叶大，茎枝易风折。大风或强风，会使面包果叶片大量掉落，在风力8 ～ 9级、阵风11级时发现风折枝干（图4-9），或主干折断。如果风大时刚好是结果期，结果的枝条负重更大，极易折断。在原产地的南太平洋海岛地区，面包果是当地的主要粮食作物，曾遭遇台风毁灭性的影响。例如，1990年萨摩亚的面包果受台风影响，作物几乎全被破坏，50%～90%的成龄树全被吹倒；2012年萨摩亚遭遇台风，整个面包果种植业全被摧毁，损失惨重；台风也导致斐济的面包果种植面积减少。同样，在面包果主要产区加勒比海地区，飓风也造成面包果种植面积大量减少。在20世纪80年代，牙买加50%的面包果被吹倒或被风暴损坏。随着全球气候不断变暖，台风风暴将严重影响整个太平洋和加勒比海等岛国地区面包果种植业。2016年7月和10月，台风“银河”和“莎莉嘉”分别在海南省万宁市东澳镇和万宁市和乐镇登陆，处于零星种植的面包果，20%植株出现稍微倾斜，80%植株出现主枝折断，树上的果实掉果率达40%以上，损失严重。需建立一套适用的矮化栽培技术措施，还需考虑营造防风林带。每年7 ～ 10月为海南台风较为密集的时期，此时期应在台风预报前快速进行修剪，将过密枝条剪除，并适当矮化植株，缩小冠幅，降低风害。

图4-9　强风折断面包果枝条

四、生态适宜区域

（一）国外适宜区域

面包果在国外主要分布于南太平洋的波利尼西亚和西印度群岛等地，萨摩亚、斐济、瓦努阿图、塞舌尔、马尔代夫、毛里求斯、夏威夷、牙买加、印度尼西亚、越南、尼日利亚、塞拉利昂、科摩罗等国家和地区适宜种植。

（二）国内适宜区域

根据海南省气候带气候条件的划分，结合《中国热带作物栽培学》中我国南部地区热带作物种植区划，以及国内保存的面包果品种资源及初步的品种生产试验，面包果在海南岛推荐种植区域主要为琼南的丘陵台地地区，包括东方、昌江、乐东、三亚、保亭、陵水、万宁、三沙等市县。

第四节　主栽品种

根据吴刚等调查，在我国海南省琼海市以北区域种植的大多为硬面包果，有些公园或城市把硬面包果作为优良的绿化树种或行道树。中国热带农业科学院香料饮料研究所经过鉴定评价、培育的面包果品种（系），每年正常生长发育，开花结果，并达到较高的产量，每株一季可结果60 ~ 100个。兴隆华侨农场的归侨也零星从国外引进一些面包果优异资源，定植于房前屋后，具体品种名称有待进一步确认。

在国外，美国夏威夷国家热带植物园的面包果研究所从事面包果资源研究较早，建有世界上最大和资源量最丰富的面包果资源保存圃。该研究所从汤加、纽埃岛、美属萨摩亚、巴布亚新几内亚、瓦努阿图群岛等太平洋群岛地区，以及塞舌尔、菲律宾和印度尼西亚等地收集保存了120个品种共220多份面包果种质资源；斐济的农业科研单位也收集了近百份面包果种质资源；瓦努阿图农业技术推广中心建立了面包果资源保存基地，收集保存了69个面包果品种，这为面包果品种选育奠定了坚实的基础。

南太平洋农业委员会公布的一项面包果调查研究结果显示，根据叶形及裂片、果实颜色、果实形状、果实质地和保存期等性状，可把面包果的品种分为不同类型。下面简要介绍一些国外收集的优良品种以及中国热带农业科学院香料饮料研究所选育的优异种质、品系。

1. Afara

源自法属波利尼西亚，在太平洋地区广泛种植，澳大利亚、美国佛罗里达、加勒比海地区也有分布。树高可达10 m。叶羽状中等分裂，叶长40 cm、宽31 cm，裂片3 ~ 5。果实椭圆形至圆形，成熟果实桃红色或橙棕色，长10 ~ 15 cm、宽12 ~ 16 cm，重1 kg，无种子或者零星1 ~ 2个种子。果实成熟期从7月至翌年1月。品质优、质地硬，适合加工。定植3年左右可以结果。

2. Hamoa

源自法属波利尼西亚，在萨摩亚、汤加、库克群岛和斐济有广泛种植。叶羽状深裂。果实椭圆形至宽卵形，长16 ~ 22 cm、宽16 ~ 18 cm，重2.5 kg，无核。果实成熟期从5月至翌年1月，果肉烹调后细致质硬。是加工果干脆片最好的品种之一。萨摩亚国家农业渔业部自2003年就不断出口该品种到新西兰。

3. Puou

南太平洋岛国地区常见和大量推广种植的品种。澳大利亚、佛罗里达和加勒比地区也有分布。树高一般小于10 m，树冠浓密。叶大型，钝尖羽状浅裂，裂片4 ~ 6。果实圆形或心形，长15 ~ 22 cm、宽14 ~ 19 cm，重2 kg，无种子或零星有1 ~ 2个种子，烹调后无需去皮。四季开花结果。

4. Buco Ni Viti

南太平洋岛国地区最好品种之一。叶羽状中裂。果实长椭圆形，长28 ~ 35 cm、宽15 ~ 18 cm，种子退化，无核。

5. Balekana Ni Samoa

萨摩亚最好的品种。叶羽状深裂，叶基形状多变。果实圆形，直径长10 ~ 12 cm，种子稀疏。

6. Uto Wa

南太平洋岛国地区推荐种植的品种。叶羽状深裂，叶基形状多变。果实椭圆形，长15 ~ 19 cm、宽12.5 ~ 14 cm，无核。

7. 香饮所1号

树高一般15 m，树冠浓密。叶大型，羽状深裂，裂片常4 ~ 5片。果实圆形或长椭圆形，长16 ~ 19 cm、宽13 ~ 16 cm，一般重1.5 ~ 1.8 kg，最重的可达3 kg，无核。每年4 ~ 5月开始开花。果实成熟期长，从8月开始，一直到11月底都有果实陆续成熟，单株年结果量可达近百个。从种苗定植开始，在海南万宁兴隆地区3 ~ 4年可开花结果，乐东黄流地区2 ~ 3年可开花结果。首次结果的果实一般较小，长12 ~ 13 cm、宽11 ~ 12 cm，重0.8 kg左右。植株首次结果后，随着长势增强，树体增大，4 ~ 5年树龄的植株一般冠幅在5 m，树干粗15 ~ 18 cm，果实平均长17 cm，宽16 cm，重1.5 ~ 2.0 kg。种苗定植7 ~ 9年可进入盛产期。见图4-10、图4-11。

8. 香饮所2号

树高15 m左右，树冠浓密。叶大型，羽状深裂，裂片4 ~ 6。果实椭圆形至长椭圆形，幼果果皮上有肉瘤突起，成熟时一般长17 cm、宽13 cm，重1.2 ~ 1.5 kg，无核。从种苗定植开始，在万宁兴隆地区3 ~ 4年可开花结果，一般4 ~ 5月开始开花，每年8 ~ 10月陆续有果实成熟，成熟时突起变钝平。盛产期单株年结果量50个以上。

图4-10　香饮所1号面包果植株

图4-11　香饮所1号面包果果实

9. 香饮所3号

树高15 ~ 20 m，树冠浓密。叶大型，羽状深裂，裂片4 ~ 6。果实圆形或长椭圆形，长13 ~ 15 cm、宽10 ~ 12 cm，重1.0 ~ 1.2 kg，无核，1年开花结果可达2次，果实成熟期为6 ~ 8月及11月至翌年1月，单株年结果量可达60 ~ 80个。见图4-12、图4-13。

图4-13 香饮所3号面包果果实

图4-12 香饮所3号面包果植株

10. 香饮所10号

树体一般高6 ~ 10 m，树冠浓密，叶大型，羽状中裂，裂片常4 ~ 5。果实圆形或长椭圆形，表皮平钝光滑，一般果实长14 ~ 15 cm、宽11 ~ 12 cm，重1.5 kg，无核，果柄较长、达12 ~ 15 cm。在万宁兴隆地区定植3 ~ 4年可开花结果，每年5 ~ 6月开始开花，果实成熟期9 ~ 10月。一些年份冬春季节遭遇低温，经大田观察该品种耐寒性较好；同地区生产种植的其他品种在遭遇低温时叶出现大面积寒害症状而变成褐色，枝条干枯；同时期香饮所10号面包果植株和叶片未受明显影响，当年仍正常开花结果。见图4-14、图4-15。

图4-14　香饮所10号面包果植株

图4-15　香饮所10号面包果幼果

第五节 种苗繁殖

面包果的繁殖方法包括有性繁殖与无性繁殖。有性繁殖又称种子繁殖、播种繁殖或实生苗繁殖，就是利用播种的方式来繁殖苗木。此法简单易行，能较短时间繁育大量实生苗木。原产地居民多采用此法繁殖面包果苗木。但有性繁殖生产的苗木遗传因素复杂，变异性大，种植后难保其有母本的优良性状，故大面积商业生产一般不用此法。无性繁殖又称营养繁殖，就是利用优良母树的枝、芽或根来繁殖苗木。此法繁殖的苗木遗传因素单一，能保持母树的优良性状（如高产、优质、抗性强等性状）。无性繁殖包括根蘖繁殖、枝条扦插繁殖、嫁接繁殖、组织培养繁殖等。

一、实生苗繁殖

面包果育苗中最基础的繁殖方法。无论是培育实生苗木或嫁接砧木，都要通过播种育苗这个有性繁殖过程。其特点是有强大的根系，可塑性、适应性、抗逆性强。硬面包果一般采取此种繁殖方式。实生苗繁殖步骤如下。

从长势旺的母树采果，挑选发育饱满的果实，从果实中再选择饱满、充实的种子，一般种子至少1 cm长。选择这类种子育苗，播种后生长快，长势强；不宜选用发育不饱满、畸形的种子播种育苗。硬面包果种子寿命短，一般能维持活力2周左右，应随采随播。

自果实中取出种子后，洗去种子外层甜的果肉，阴干备用。育苗时，种子可直接播入育苗袋中，覆土盖过种子约1.5 cm，用花洒桶淋透水，并遮盖50%遮阳网或置于树荫下，之后保持土壤湿润。种苗的管理与一般果树基本相同，当种苗高达30 ~ 50 cm，即可出圃定植或作为砧木嫁接育苗用。

二、根蘖繁殖

植物主根垂直向下生长，主根上的水平根（侧根）能产生不定芽（根出芽），这些芽到达地面后形成地上枝条，并向下产生垂向根，这种无性繁殖的方式称作根蘖繁殖。根系中具有产生不定芽并出土形成地上分枝能力的部分称作萌蘖根，其上产生的不定芽称为萌蘖芽或根蘖芽，产生不定芽的部位称为萌蘖节或根蘖节。

面包树根分蘖能力的大小，与植株年龄及立地条件有关。一般立地条件好、水肥管理充足的植株，进入盛产期后分蘖能力较强，每年能从靠近地表的根部自然萌发3 ~ 5株苗。靠自然根蘖繁殖苗木数量有限，民间零星使用。

在原产地南太平洋岛国地区，当地居民常锄伤或刺伤生长在地面或近地面的根系，刺激诱生不定芽。3 ~ 4周开始，萌蘖根上能够产生根蘖芽的部位迅速膨大，分化出的不定芽把根表皮撑裂，露出2 ~ 6个白色肉质半球形芽体并抽出小苗。出土的根蘖幼苗生长相对迅速，从锄伤近地面的根开始7 ~ 8周，植株可长到10 ~ 20 cm高。待植株长到30 ~ 50 cm高并生有自己的根系时（图4-16），便可剪断根和植株。装袋培育或置于沙床培育，避免损伤新长根系。栽培或装袋的基质需透气，可用河沙+椰糠（1 ∶ 1）或珍珠岩+泥炭（1 ∶ 1），保持土壤透气和空气湿润，适当遮阴，1 ~ 2个月后，袋苗便可定植。

图4-16　面包果根蘖幼苗

根插的繁殖办法也较常见，一般选择优良品种的成龄树，采集接近地表的根系，将根段斜插到苗床上，表面覆盖1 cm厚的细椰糠，并使用多菌灵500倍液喷淋苗床1次，根的上部2 ~ 3 cm暴露在空气中，在苗床上搭高50 ~ 80 cm的塑料薄膜拱棚，并在顶部设置遮阳网盖顶，定期浇水保持苗床湿度在80%以上，以保证根蘖苗能形成良好的株形。当苗高30 ~ 50 cm、根系良好时，就可装盆移栽。

三、枝条扦插繁殖

生产中，面包果常采取枝条扦插繁殖方法。扦插繁殖即截取植株营养器官的一部分，一般是植株的枝条，插入疏松湿润的基质中，利用其再生能力，使之生根长枝，成为新的植株。其操作是在优良母树上，树冠外围或主枝上截取1 ~ 2年生、1 ~ 2 cm粗的半木质化枝条或插穗，要求枝条发育健壮、芽体饱满、生长旺盛、无病虫害等。将所采枝条剪成20 ~ 40 cm长的插条，下切口斜剪，切口平滑无破裂。注意保持插条的极性，插条总是极性上端发芽，极性下端长根，不能倒置。修剪好的插条先在清水中清洗5 min。然后以50根为一捆，浸泡在浓度为100 mg/L的ABT生根粉或100 mg/L的萘乙酸中，浸泡基部深3 ~ 4 cm，时间为2 h以上。

将处理好的插条以45°～60°角度斜插于沙床。扦插前使用多菌灵500倍液喷淋苗床，插条深度为插条总长的1/4～1/3，较短小插穗的插穗深度宜深不宜浅，插穗的密度以插穗叶面不重叠为宜，扦插完后立即将苗床浇透水一次。同时，在苗床上搭高50～80 cm高的塑料薄膜拱棚并在顶部设置遮阳网盖顶，定期浇水保持苗床湿度在80%以上，并通风降温控制拱棚内温度在23～30℃。建议采用间歇喷雾技术，能使空气相对湿度保持在90%以上，大大提高扦插成活率。扦插时间宜选在8：00～10：00或16：00以后，这样能避开夏季日光的灼晒。经过2～3个月后，80%茎段可抽芽和生根，抽芽茎段可装袋炼苗后出圃。

也可将处理好的插条直接插于育苗袋中，此时装袋的基质需透气，可用河沙+细椰糠+泥炭（3：1：1），保持土壤透气和空气湿润，适当遮阴，2～3个月后，袋苗便可抽芽和生根。该法简单，但是需要装袋的基质疏松且富含有机质。

四、嫁接繁殖

嫁接也属无性繁殖的一种。嫁接繁殖接穗采自成龄树，嫁接种苗比实生苗具有早结性，可缩短果树的营养生长期，提早结果。嫁接种苗既可保存母本的优良性状，也可利用砧木强大的根系（通常砧木具有抗寒、抗旱、抗病、耐盐碱等特性），利用砧木对接穗的生理影响，提高接穗品种的抗逆能力，使植株生长健壮，结果多，寿命长。此外，面包果植株大型，如能筛选到矮化砧木或特殊的砧木，可改变株形，调节生长势，使苗木矮化，抑制地上部分营养生长，促进花芽的形成和果实的发育，起到早结果、丰产的作用。

1.采接穗

接穗取自结果3年以上的高产优质母树，选当年生木质化或半木质化、生长充实的枝条，选树冠外围，以枝粗1.5～2.5 cm、表皮黄褐色、芽眼饱满者为好。接穗生活力的高低也是嫁接成活的关键，生活力保持越好，成活率越高。

2.选砧木

以主干直立、茎粗1.5～2.5 cm、叶片正常、生长势壮旺、无病虫害的硬面包果种子苗或菠萝蜜种子苗作砧木，砧木苗宜为袋径20 cm以上的袋装苗。一般来说砧木和接穗间必备一定的亲和力才能嫁接成活，亲和力越强，嫁接成活的概率越大。嫁接亲和力主要由砧木和接穗亲缘关系决定，亲缘关系越近，其亲和力越强，亲缘关系越远，其亲和力越弱。

3.嫁接时期

在海南以4～10月为芽接适期。此时气温较高，树液流通，接穗与砧木均易剥皮，但雨天和干热天气时不宜嫁接。温度过高，蒸发量大，切口易失水，处理不当，嫁接不易成活；温度过低，形成层代谢弱，愈合时间过长，嫁接也不易成活。

4. 嫁接操作

（1）排乳胶　面包果树液（乳胶）如同属果树菠萝蜜一样，往往会因为开口流胶而阻碍伤口细胞呼吸、妨碍愈伤组织的形成，进而降低嫁接成活率，因此在嫁接前需先排乳胶。在砧木离地面10 ～ 20 cm的茎段选一光滑处开芽接位，在芽接位上方先横切一刀，深达木质部，让树上的乳胶流出。可在芽接的苗上一连切10株砧木排胶。

（2）开芽接位　用湿布擦干排出的乳胶，在排胶线下开一个宽1.5 ～ 2 cm、长3 ～ 4 cm的长方形，深达木质部，从上面用刀尖挑开树皮，拉下1/3，如易剥皮，则削芽片。

（3）削芽片　选用充实饱满的芽片，在芽眼上下1.0 ～ 1.5 cm的地方分别横切一刀，再在芽眼左右各竖切一刀，深达木质部，小心取出芽片。芽片须完好无损，略小于芽接口。不损伤芽片是芽接成功的关键。

（4）接合　剥开接口的树皮，放入芽片，芽片比接口小0.1 cm，切去砧木片约3/4，留少许砧木片卡住芽片，以利捆绑操作。芽接口应完好无损。

（5）捆绑　用厚0.01 mm、宽约2 cm、韧性好的透明薄膜带自下而上一圈一圈缠紧，圈与圈之间重叠1/3左右，最后在接口上方打结。绑扎紧密也是嫁接成功的关键之一。

（6）解绑与剪砧　嫁接25 ～ 30 d后，如芽片保持青绿色，接口愈合良好，即可解绑。解绑后1周左右芽片仍青绿，可在接口上方10 ～ 15 cm处剪砧，此后注意检查，随时抹除砧木自身的萌芽，使接穗芽健康成长。

图4-17　面包果嫁接苗

在兴隆的中国热带农业科学院香料饮料研究所，吴刚等采用以硬面包果和菠萝蜜为砧木，面包果为接穗的前期芽接试验中，补片芽接成功率可达70%以上，生长良好，嫁接苗见图4-17。品种优良的芽接苗定植后，通常3 ～ 4年即可开花结果。

五、组织培养繁殖

组织培养法适用于规模化、产业化培育种苗。目前此法还处在试验阶段，操作步骤如下。

（1）首先取健壮的面包果树茎段节芽为外植体材料，将这些外植体于洗涤剂中浸泡并用流水冲洗10 ～ 20 min，再灭菌4 ～ 5 min，之后用无菌水冲洗4 ～ 5次，吸干水分后，将面包果的嫩芽置于添加1.0 mg/L 6-苄基腺嘌呤和0.5 mg/L 激动素的MS培养基上培养30 d左右，诱导出复芽。

（2）将离体形成的嫩枝置于上述培养基中继代培养至发育出新梢，在添加萘乙酸和吲哚丁酸各1.0 mg/L的1/2 MS培养基中，将离体增殖的嫩枝进一步诱导生根（图4-18）。

（3）将生根后的嫩枝置于无激素和糖的1/2 MS液体培养基，转速为25 r/min，(26±3）℃中进行驯化30 d，在3 000 lx的冷白荧光灯下，生根的嫩枝在（26±3）℃滤纸台上生长20 d。之后将生根的嫩苗，移至含土壤、硅石和沙（2 ∶ 1 ∶ 1）混合物的盆钵并保持在相同环境条件下。

（4）生根嫩苗逐日浇水，用透明聚乙烯袋覆盖盆栽植株，保持高湿度，待植株10 cm高时移到温室，炼苗后移至田间种植。

组织培养方法能实现优良种苗的快速培育，并且培育出来的苗木保持了母本的优良性状，保证了培育的苗木无病虫害，通常不需要隔离检疫，方便苗木运输和良种良苗的进出口，降低了不同国家地区之间病虫害传播风险。

图4-18　面包果组培苗

第六节　栽培管理

一、果园建立

1.果园选地

面包果是典型的特色热带作物，其生长发育对气候条件的要求比较严格，尤其对低温较敏感，耐受的最低温度范围为5 ～ 10℃。生长发育地区仅限于南纬19° 至北纬19° 之间的热带地区。根据当前引种试种及小面积生产试验结果，气候环境要求高温多雨，宜选择年均温24℃以上的适宜种植区域，我国海南主要适种地在琼南的丘陵台地地区，包括东方、昌江、乐东、三亚、保亭、陵水和万宁等市县。

面包果对土壤条件要求不甚严格，适宜多种土壤类型，能耐受短时间的干旱和涝害，从原产地生长来看，还相对耐盐碱，许多平地、丘陵地区的红壤地、黄土地、河沟边或沙壤土地种植均较适宜，但仍宜选择坡度在20° 以下、土层深厚、结构良好、肥沃疏松、pH5.0 ～ 7.5、地下水位在1 m以下、靠近水源且排水良好的地方建园。

面包果抗风能力差，且海南省常年受台风的影响，因此建园时应选择避风区域或静风地块，以减轻风的危害。

面包果果实在储藏和运输中容易损伤、腐烂，所以在选择园址时，还应考虑交通条件是否便利。

2. 园地规划

为了便于果园的发展和管理，集中连片种植必须根据地块大小、地形、地势、坡度及机械化程度等进行园地规划。面包果园地规划包括小区、水肥池、防护林、道路系统和排灌系统等整体规划与设计。

（1）小区　一般要根据同一小区坡向、土质和肥力相对一致的原则，将全园划分若干小区，每个小区面积在1.5 ～ 2 hm^2。

（2）水肥池　果园规划中，一般每个小区应设立水肥池，容积为10 ～ 15 m^3。

（3）防护林　面包果园地的划区要与防护林设置相结合，园地四周最好保留原生林或营造防护林带，林带距边行植株6 m以上。主林带方向与主风向垂直，植树8 ～ 10行；副林带与主林带垂直，植树3 ～ 5行。宜选择适合当地生长的高、中、矮树种混种，如木麻黄、母生、菜豆树、竹柏、琼崖海棠、菠萝蜜、台湾相思和油茶等树种。

（4）道路系统　园区内应设置道路系统，道路系统由主干道、支干道和小道等互相连通组成。主干道贯穿全园，与外部道路相通，宽7 ～ 8 m；支干道宽3 ～ 4 m；小道宽2 m。

（5）排灌系统　排灌系统规划应因地制宜，充分利用附近河沟、坑塘、水库等排灌配套工程，配置灌溉或淋水的蓄水池等。坡度小的平缓种植园地应设置环园大沟、园内纵沟和横排水沟。环园大沟一般距防护林3 m，距边行植株3 m，沟宽80 cm、深60 cm；主干道两侧设园内纵沟，沟宽60 cm、深40 cm；支干道两侧设横排水沟，沟宽40 cm、深30 cm。环园大沟、园内纵沟和横排水沟互相连通。除了利用天然的沟灌水外，同时视具体情况铺设管道灌溉系统，顺园地的行间埋管，按株距开设灌水口。

3. 园地开垦

面包果园地应深耕全垦，一般在定植前3 ～ 4个月进行，让土壤充分熟化，提高肥力。开垦时，首先划出防护林带，保留不砍，接着砍掉不需要保留的乔木和灌木，并进行清理。土壤深耕后，随即平整。园地水土保持工程的修筑，依据地形和坡度的不同而进行。坡度在5°以下的缓坡地不必修筑专门的水土保持工程，但应等高种植，并尽量隔几行果树修筑一个土埂以防止水土流失；坡度在5° ～ 20°的坡地应等高开垦，修筑宽2 ～ 3 m的水平梯田或环山行，向内稍倾斜，每隔1 ～ 2个穴留一个土埂，埂高30 cm。

4. 植穴准备

面包果植穴准备在定植前1 ~ 2个月完成，植穴以长80 cm、宽80 cm、深70 ~ 80 cm为宜（图4-19）。挖穴时，表土、底土要分开放置，并捡净树根、石头等杂物，充分日晒20 ~ 30 d后再回土。根据土壤肥沃或贫瘠情况施穴肥。一般每穴施充分腐熟的有机肥20 ~ 30 kg、复合肥0.5 ~ 1 kg、钙镁磷肥1 kg作基肥。回土时先将表土回至穴的1/3，中层回入充分混匀的表土与基肥，上层再盖底土。并做成比地面高约20 cm的土堆，呈馒头状为好。植穴完成后，在植穴中心插标，待3 ~ 4周土壤下沉后，即可定植。

图4-19 植穴大小

5. 定植

（1）定植密度 面包果栽植的株行距，依品种、成龄树的树冠大小，植地的气候、土壤条件以及管理水平等而不同。一般采用株行距6 m × 6 m或5 m × 7 m，每公顷分别种植270株和285株。统一规格，标准化定植，便于后期管理。国外一些土地资源丰富的地区，常定植株行距较大，达到8 m × 10 m。土地瘠瘦的园块可适当密植，种植密的园块待面包果封行后逐年留优去劣，进行适当疏伐，保持植株正常和获得稳定的产量；土地肥沃的园块可适当疏植。

（2）定植时期 在海南，春、夏、秋季均可定植，以3 ~ 5月或8 ~ 10月定植为宜，定植宜选在晴天下午或阴天进行。一般雨季初期定植最佳，在3 ~ 5月光照温和及多雨季节进行，有利于幼苗恢复生长，种植成活率高。8 ~ 10月是海南的雨季和台风经常登陆时期，此时也适合定植。在春旱或秋旱季节，如灌溉条件差的地区，不宜定植。在秋冬季低温季节，定植后伤口不易愈合，且不易萌发新根，影响成活率，这些地区应在10月中下旬完成定植工作，这样在低温干旱季节到来之前面包果幼苗即已恢复生机，翌年便可迅速生长。

（3）定植方法 起苗、运输、种植的过程尽量避免损伤根系，营养袋育苗要保护土团不松散。定植时在已准备好的植穴中部挖一个比种苗的土团稍大的小穴，放入种苗并解去种苗营养袋，保持土团完整，使根颈部与穴面平齐或微露于表土，扶正苗，回土压实。总之，填土要均匀，根际周围要紧实。修筑比地表高3 ~ 5 cm、直径80 ~ 100 cm的树盘，适当剪除部分枝叶，剪去一张叶片的1/3 ~ 1/2，未老熟叶片也剪去（图4-20），以减少苗木水分的蒸发。覆盖干杂草等保湿，淋足定根水。

6. 植后管理

苗木定植后，如遇干旱天气，每天淋水1 ～ 2次，并采集椰子树叶或芒萁插其周边（图4-21），适当遮阴，定植至成活前，保持树盘土壤湿润，直至新梢抽发则为成活。雨天应开沟排除园地积水，以防烂根。受风区域苗木适当用竹子等立支柱扶持，避免因风吹苗木摇动而伤根。及时检查，补植缺株，保持果园苗木整齐。栽植成活的植株可薄施水肥，促进新梢正常生长。

图4-20　剪除部分枝叶

图4-21　椰子叶遮阴

二、幼树管理

面包果从定植到进入经济结果期，管理粗放者需5 ～ 8年，如加强栽培管理和病虫害防治，可在定植第四年即进入开花结果期。因而，面包果幼树一般指种植后1 ～ 3年未结果或刚开始结果的树。这个时期面包果的生长特点是，枝梢萌发旺盛，根系分布浅，抗逆能力弱。管理任务是扩大根系生长范围，加速植株树冠向外生长，抽生健壮、分布均匀的枝梢和形成良好、丰产的树冠结构。

1. 水肥管理

在面包果幼树阶段，要满足树体对水分的需求。面包果规模化种植园，浇水工作是非常重要的，因此宜选择在雨季初期定植。在没有降雨的情况下，定植初期，每天至少浇水1次，至6个月龄后可少浇水。在旱季应及时灌溉或人工灌水，可依行距每2 ～ 3行布置供水管，采用浇灌，即用皮管直接浇水。如有条件，可以按株行，距离每株茎基部0.5 m处接一个喷头开口，操作容易，效果较好。灌水一般在上午、傍晚或夜间土温不高时进行。

在雨季，如果园内积水，排水不畅，也会影响面包果生长。因此，在雨季前后，对园地的排水系统进行整修，并根据不同部位需求，加大排水量，保证果园排水良好。

幼树施肥，主要以促进枝梢生长、迅速形成树冠为目的。除冬季施有机肥作为基肥外，每次抽新梢前施速效肥促梢壮梢。施肥量应根据面包果的不同生长发育时期而定，随着树龄的增大，逐年增加施肥量，以满足其生长需要。

根据面包果幼树的生长发育特点，应贯彻勤施、薄施、少量多次、生长旺季多施的原则。以氮肥为主，适当配合磷、钾、钙、镁肥。苗木定植1个月左右，即新梢抽出时应及时施肥。一般10 ～ 15 d施水肥1次，水肥由畜禽粪便、饼肥和绿叶沤制腐熟后施用，离幼树主干基部20 cm处淋施。如果水肥太浓，可加水；浓度不够时，可加尿素或复合肥一并施用。一般定植1年后，做到“一梢一肥”，隔月1次。

在海南兴隆地区，每年3 ～ 5月新梢、叶片萌动并快速生长，需氮量较多，1年生幼树每次可株施尿素50 g或三元素复合肥100 g或水肥2 ～ 3 kg；随着树龄增长，用量可逐年增加，2 ～ 3年生幼树每次可株施尿素100 g或复合肥125 g或水肥4 ～ 5 kg。要讲究尿素或复合肥施用方法，平地上可环施，斜坡上则要在树苗高处施。施肥后盖土，干旱时及时灌水。

2. 树体管理

对面包果进行树体管理的目的在于促进形成合理的树冠结构。树体管理是培养主枝和二、三级分枝的关键，也是构成树冠的骨架。如有效保障树冠合理发展，能促使幼树早成形、早结果和早丰产，在经济上提早有收益。

通常面包果以修剪成自然开心形为佳。面包果树的骨干枝是整个树冠的基础，它对树体的结构、生长势和开花结果都有很大影响。因此，必须在幼树阶段开始修枝整形，以培养好的树形结构，为丰产打下基础。要求每层枝距离0.8 ～ 1 m，使分枝着生角度适合，分布均匀。其技术要点是：幼苗期让其自然生长，当植株生长高度至1.8 ～ 2.0 m时，即开始摘心去顶，让其分枝。抽出的芽应按东、南、西、北四个方位选留3 ～ 5个分布均匀且与树干呈45° ～ 60° 生长的枝条培养一级分枝，此时可采用拉、坠等方法改变枝条的角度和方向，开张角度，缓和枝条的生长势，既有利于营养物质的积累，又可改善树体的通风透光状况。选留的枝芽离地面1 m左右，抹除多余的枝芽。当一级分枝长度达1.2 ～ 1.5 m时，再行摘心去顶，以培养二级分枝。要求选留2 ～ 3条左右健壮、分布均匀、斜向上生长的枝条作培养二级分枝，剪除多余的枝条。如此重复，再进行2 ～ 3次，即可形成开张的半圆球形树冠。面包果1 ～ 2年生树形和3 ～ 4年生树形分别见图4-22和图4-23。

图4-22　1 ~ 2年生面包果树形

图4-23　3 ~ 4年生面包果树形

随着树冠扩大，分枝增多，剪除交叉枝、过密枝、弱枝、直立枝、下垂枝、病虫枝等枝条。修剪时首先针对枝叶茂密、妨碍阳光照射的果树杈，疏通树冠。由下而上进行，修剪口往上斜切，防止伤口积水腐烂，最好在伤口处涂上保护剂。

对幼树进行修剪，以层次分明、疏密适中为好。树形不宜太高，高度5 m以内为好。修剪可以控制树高，矮化树形，但需掌握一定的度。修剪方法不恰当或过重，会影响树体健康，甚至造成真菌和病原体会从伤口进入树体，导致树体衰退。

3. 土壤管理

面包果在定植初期及幼龄阶段应予遮阴、覆盖，可以保持植株周边土壤湿润和减少水分蒸发。在海南当地可以就地取材，采用椰子叶插在植株周边遮阴，各种干杂草、干树叶、椰糠或间种的绿肥等都可以作覆盖材料。覆盖时间从雨季末期开始。一般在地表距离主干15 ～ 20 cm范围内覆盖，厚度以5 ～ 10 cm为宜。海南炎热干旱的季节土壤温度高达30 ～ 45℃，干杂草覆盖可以降低地表温度5℃左右，有利于减少水分蒸发，调节土温（夏季降温，冬季保温），不仅可改善土壤理化性状，而且可改良土壤团粒结构，增加土壤湿度、有机质含量和促进土壤微生物多样性，因而有利于面包果根系生长和对养分的吸收，从而促进生长（图4-24）。

园地可定植临时荫蔽树，常种植豆科植物山毛豆、木豆、灰叶豆等（图4-25）。临时荫蔽树定植后，应经常修剪其过低分枝，修剪的枝条可作为覆盖材料。此外，根据面包果生长发育阶段逐步疏伐。

图4-24 覆 盖

图4-25 临时荫蔽树

中耕除草是面包果园管理中的一项重要工作，通常在定植1个月后进行，以后每1 ~ 2个月进行1次，保持树盘无杂草，以减少杂草对树体养分和水分的竞争，同时果园清洁还可以减少病虫危害。并结合松土，以提高土壤的保水保肥能力和通气性。定期用锄草机控制果园杂草高度，清除的杂草既可以作为果园覆盖材料，也可以作为有机肥深埋于地下。易发生水土流失的园地或高温干旱季节，应保留行间或梯田埂上的矮生杂草。

植后3年内，除梢期施肥外，每年秋末冬初可进行深翻扩穴压青施肥，以改良土壤。在紧靠原植穴四周、树冠滴水线外围对称挖两条施肥沟，规格为长80 ~ 100 cm、宽和深分别为30 ~ 40 cm，沟内压入杂草、绿肥等，施有机肥20 ~ 30 kg并覆土，以提高土壤肥力，促进面包果根系生长（图4-26）。常采用小型挖掘机进行施肥沟的作业，下一次在另外对称两侧，逐年向外扩穴改土。

图4-26　施　肥

三、成年树管理

1. 水肥管理

面包果不同的生长发育期，对水分的要求不同，主要有开花期和果实发育期等。开花期和果实生长期遇干旱天气，果实成熟期遇暴雨，都会导致不良的效果。开花期和小果期干旱则要及时灌溉或人工灌水，灌水量以淋湿根系主要分布层10 ~ 50 cm为好，灌溉一般在上午、傍晚或夜间土温不高时进行。

果实发育的中后期，如遇干旱则需进行灌溉，如遇暴雨应及时排除园地积水，及时修复损坏的排灌系统。

面包果根蘖苗、嫁接苗一般4 ~ 5年就可开花结果，植株在生长发育过程需肥量较大，而且需要氮、磷、钾等各种营养元素的供应。不同的树龄、品种、长势及土壤肥力的不同，施肥量、种类也有差异。施肥水平高，年度间丰产稳产；施肥不合理，营养生长与生殖生长失衡，有的树势生长过旺而不开花结果，或当年开花结果过多，大小年现象突出，树势过早衰退。因此，在标准化种植过程中，必须根据面包果不同的生长发育阶段，合理施用花前肥、壮果肥、果后肥等，以满足其生长需要，促进新梢生长、花芽分化和果实发育，并保持植株生长势，这也是标准化果园管理的必需要求。

根据面包果开花结果的物候期，以海南省万宁市兴隆引种试种面包果物候期为例，对结果树施用氮、磷、钾肥，并与有机肥搭配施用，每个结果周期施肥3 ~ 4次，一般围绕促花、壮果和养树等几个重要环节进行。具体施用时间与用量如下。

（1）花前肥　在面包果5月初萌发花芽、抽花序前，应施速效肥，以促进新梢生长与促花壮花，提高坐果率。一般在3月中下旬至4月施用，每株施尿素0.5 kg、氯化钾0.5 kg或氮磷钾（15-15-15）复合肥1 ~ 1.5 kg，在树盘开沟施入、覆土，然后浇水，水溶性肥可经喷灌系统施肥。在抽花序时可喷施速溶硼和磷酸二氢钾2次，间隔14 d左右，以促进花序及小果发育，减少落果。

（2）壮果肥　在面包果果实迅速增长的时期应施保果肥，一般在抽花序后1 ~ 2个月内施用，及时补充开花时的营养消耗，促进果实的正常生长发育。6 ~ 7月为面包果果实迅速膨大的时期，此时正值海南干旱季节，必须进行灌溉，施肥，保花保果，提高产量。花量大的应早施，花量少的宜迟施。每株施尿素0.5 kg、氯化钾1 ~ 1.5 kg、钙镁磷肥0.5 kg、饼肥2 ~ 3 kg。在果树膨大的中后期可叶面喷施氮磷钾（12-6-40）大量元素水溶肥料1 ~ 2次，满足坐果期对钾的需求，促进果实膨大，改善果色，防止落果、畸形果等，提高果实的内外品质。

（3）果后肥　施养树肥是面包果稳产的一项重要技术。施好养树肥能及时给植株补充养分，以保持或恢复植株生长势，避免植株因结果多、养分不足而衰退。在面包果果实采收后，要及时重施有机肥和施少量化肥。一般在11月中下旬至12月施用，每株施有机肥25 ~ 30 kg、氮磷钾（15-15-15）复合肥1 ~ 1.5 kg。

2. 树体管理

成龄树果实采收后应适当修剪，进行树体管理。剪截过长枝条，剪去交叉枝、下垂枝、徒长枝、过密枝、弱枝和病虫枝等，植株高度控制在6 m以下，培养矮化树形，便于管理。初结果果园和成龄树形，为增强其抗风性，树冠株间的交接枝条也应剪去。树冠枝叶修剪量应根据植株长势而定。结果树修剪宜轻，重在调节，主要任务是根据树体优质、高产、稳产和通风透光的生产要求，适时调整、更新和管理好结果枝组，防止不规则枝条的出现，对中下部枝条尽量保留，对个别大枝、徒长枝也要适当修剪，通过整形修剪使枝叶分布均匀，形成层次分明、疏密适中的树冠结构，这样结果多、植株产量也高。修剪枝条时尽量采用专业的修剪工具，特别是修剪大的枝条时往往容易造成大片树皮撕裂，如果处理不当，树体伤口暴露过多需经较长时间才能愈合，此时真菌和病原体会从伤口进入树体，影响树体健康，导致树体衰退。进行枝条的修剪要注意保持切口平顺，可在切口涂上伤口愈合剂、油漆或沥青等保护剂。修枝整形过重会减少产量，特别是修剪大枝条过多时，在接下来的季节果树会进行旺盛的营养生长，导致产量下降。修剪之后往往要接着施肥覆盖，促进树体恢复。标准化管理的果园见图4-27、图4-28。

3. 土壤管理

面包树根系庞大，有些根系沿着地表附近不断延伸横走并吸收营养物质，因而如果土壤通气性好，有机质丰富，则生长迅速。除草一般结合施肥进行，并松土，一般深10 ~ 15 cm，以提高土壤的通气性和保水性，促进新根的生长。保持树体长势良好，树盘无杂草，果园清洁。

图4-27　面包果标准化果园（一）

图4-28　面包果标准化果园（二）

第七节 采 收

一、成熟判断

一般来说，面包果从开花到果实成熟会经过100 ~ 120 d，大约需要4个月。在海南兴隆，面包果在春末夏初的4 ~ 5月开花，8 ~ 11月为果实发育成熟期。可收获的面包果有如下特征：

(1) 果实大小已达标，果皮上的凸起开始变平坦，果形饱满，表面干净。

(2) 果实质地结实，斜按压有点软。

(3) 果皮颜色黄绿色，暗淡，有胶液变干痕迹。

面包果幼嫩的果实也能采收食用，但一般成熟的果实口感风味更佳。

如果从果肉方面对成熟度进行简单划分，可分为幼果阶段、半成熟阶段、成熟阶段和软化阶段。幼果阶段，果实表面呈现干净诱人的绿色至淡黄绿色，口感有点苦涩，果实较硬，切开果序轴流出大量白色胶液，果肉颜色为白色。一般1 ~ 10周的果实属于幼果阶段。半成熟阶段，果实表面呈黄绿色，果肉白色，切开颜色会慢慢变褐，果序轴流出少量白色胶液，此时可采收煮食。11 ~ 13周的果实属于半成熟阶段。成熟阶段，果实表面呈橙黄色，切开果肉颜色有点淡黄，胶液少或无。14 ~ 15周的果实属于成熟阶段。果实后熟软化时，果肉呈黄色，可以直接食用，如奶油布丁般可口香甜，此时能闻到浓郁的果香味道。如果不注意采收，果柄带果序轴自行脱落，从树上掉落发酵腐烂，不耐储藏。

二、采收方法

面包果宜在尚未成熟时采摘和出售。小心采摘和正确的采后处理是保证面包果质量的必要条件。落在地上的面包果比在树上采摘的果实更容易擦伤和软化，需要轻轻处理。果实在采收后迅速成熟变软，一般可储存1周。采摘和成熟度关系到果实的储运、风味和销售等环节。最好采收前做好准备工作，随采随运，就近销售。

面包果采收最佳时间在清晨。国外采收面包果果实常用一种类似高枝剪的工具，下方套一个编织网袋，钩去或剪去果柄，果实掉在编织网袋中，这样采收较为方便。采用高强度的铝合金人字梯采收也非常实用，铝合金人字梯重量轻、携带方便并配有坚固的防滑梯脚，能够在不平或粗糙的地块使用，安全性好。梯子尺寸从2 m到6 m可调节，基本能满足面包果的采收要求。如果更高的树，只能采取人工攀爬方式采摘。果实表面美观，不干裂和软化，价格相对较高。

此外，在植株开花时，建议在种植园里挂牌，标注开花时间，以作为采收期有计划地分期分批采收果实的依据。

三、采后处理与分级包装

面包果属呼吸跃变型果实，果实在采摘后2 ~ 3 d迅速成熟，随后迅速变软，果肉变褐，品质下降。目前还没有很完善的面包果保鲜措施。为了延长保质期，应小心采摘，在采收现场及运输过程中应加碎冰块保存，采后应尽快分级处理。具体如下。

1. 集中存放

在果园内设收存点，用箩筐把果实装起来集中放置，然后把分散点的果实运到集中存放的仓库，或把产品集中存放在阴凉干燥的地方，注意不要堆放，避免压伤而烂果。

2. 清洗浸水

在存放处进行果实清洗，清除粘在果实上的泥土、污物，清洗果柄流出的胶液，然后浸泡在干净的水中，接着拿出，让果实自然风干，存放在架子上或平坦处。

3. 分级

面包果风干后，需进行分类整理，目的在于把不宜出售的果实（如伤果、烂果、果形或颜色不达标果等）挑出，以满足不同市场要求。

面包果分级基本按照尺寸（如直径）、成熟度、果形或果肉残缺等标准。在主产国，一些国家为了促进面包果的科学采摘和保存，成立了面包果种植户的合作组织，统一采收保存标准。如斐济面包果联合社制作了详细手册用于种植和销售出口的新鲜面包果。印度尼西亚东爪哇面包果商品中心的面包果按以下标准分为A、B、C三级。

A级：果直径大于15 cm，已有90%以上成熟度，果实完整。

B级：果直径13 ~ 15 cm，有75% ~ 80%以上成熟度，果实完整。

C级：果直径小于13 cm，成熟程度不一致，有裂缝或破裂。

有些面包果按照果形分级虽然不能达标，但因其果实质地紧实味甜，规格适中，做成面包果薄片更胜于B级果。

4. 包装

已经符合标准的面包果可根据需要选择用木箱、塑料盒或纸箱封装，如木箱可装30 ~ 40 kg，纸箱可装50 kg，或根据市场需要进行封装。包装的目的一是保护果实，二是便于存放和运输，三是让外形美观以吸引消费者。

四、储运

进行储存的原因之一是催熟和加工前果实需要较长时间完整保存。要注意储存室的温度和湿度调节、空气流通甚至空气成分调节，以降低果实呼吸作用及抑制微生物生长。

储存室温度应高于12℃且低于27℃，温度过高会导致果实迅速成熟，由青黄色变成黄褐色，温度过低则会导致果实冻害。

面包果从仓库到市场的一系列运输过程一般通过卡车、冷藏车等交通工具进行，重点是要减少面包果的机械损伤。装运时，最好用木箱、塑料盒等分装，每个面包果用软包装物包裹；货运运输过程中可加碎冰块，尽量避免长途运输中温度高、震坏。把面包果放入水箱中也可以延缓软化，在牙买加这是最流行的方法之一。新西兰要求进口面包果必须经过强制高温杀毒，并隔离处理杀死果蝇卵和幼虫，经过检验，再包装，并在15℃条件下装车和运输，在该温度下的面包果一般可以保存10 d。

五、采后保鲜研究进展

为了使面包果种植者获得应有的经济效益，开展面包果采后保鲜研究是非常必要的。延长储藏期，将有助于面包果产业的发展。

国外一些学者为了延长面包果的货架期也开展了相关的研究，结果表明，在12℃以下保存时，果实出现冻伤。面包果经聚乙烯袋或保鲜膜包装，并在14℃低温下密封储藏，面包果能保存品质7 ~ 10 d。

加勒比海地区以及萨摩亚、斐济、夏威夷的学者研究也表明，面包果采后处理非常重要，能使果实因为后熟而造成的损失降低50%。采后保鲜处理能延长保质期和保证质量。采用黄心面包果品种进行采后处理研究，首先在预处理和运输过程中使用冰块降温，在16℃的水中清洗，然后风干保存，或在聚乙烯袋包装密封后室温或冷藏保存。结果表明，在环境温度28℃条件下未经处理的果实只能持续2 ~ 3 d就软化，而那些存储在水中的面包果保质期最长有5 d，经聚乙烯袋密封后保质期有5 ~ 7 d，打蜡的果实可以保质8 d。和未经处理的比较，经包装的果实保质期明显延长。

经包装冷藏保存的果实25 d内都是很硬的，显然冷藏延长了保质期。但过冷的温度会降低水果的品质及外观，导致果皮及果实收缩、变小。果皮褐变是一个表面问题，其果实本身仍然是非常适合烹饪和加工的。储存温度在8℃时，第四天果实表面开始出现褐化。冷藏保存的最适温度是12 ~ 16℃，包装和未经包装的果实保质期分别为14 d和10 d。打过蜡的果实在16℃下能够存储18 d，从第十天开始出现一些褐化，但如果在5%二氧化碳、5%氧气环境中，能显著降低果实表面的褐变速度，保存期能延长至25 d。显而易见，气调储藏能延长面包果的保质期，但成本较高，产区是否采用该种方法保存应根据具体情况而定。在储存保鲜方面的进一步研究将有助于扩大新鲜面包果远销到产区以外市场。

在主产国，一些国家为了促进面包果的科学采摘和保存，成立了面包果种植户的团体（合作组织），统一采收保存标准。如斐济的一些面包果联合社制作了详细的手册，用于指导种植和销售出口新鲜面包果。新西兰要求进口面包果必须经过强制高温杀毒，并隔离处理杀死果蝇卵和幼虫，接着检验，再包装，并在15℃条件下装车和运输，在该温度下的面包果一般可以保存10 d。

第八节　主要病虫害防控

一、主要病害及防控

（一）面包果炭疽病

1. 症状

叶片症状：常在叶片上出现淡褐色水渍状病斑（图4-29）。当病斑环绕枝梢一周时，便引起叶落或梢枯。

果实症状：病斑呈圆形或不规则形，初呈淡青色至暗褐色水渍状，后中间变为灰褐色，边缘褐色或深褐色。天气潮湿多雨时，病部长出粉红色黏性小点；天气干燥时，病斑呈灰白色，上生黑色小点，散生或轮纹状排列，易引起果腐，导致果肉坏死。

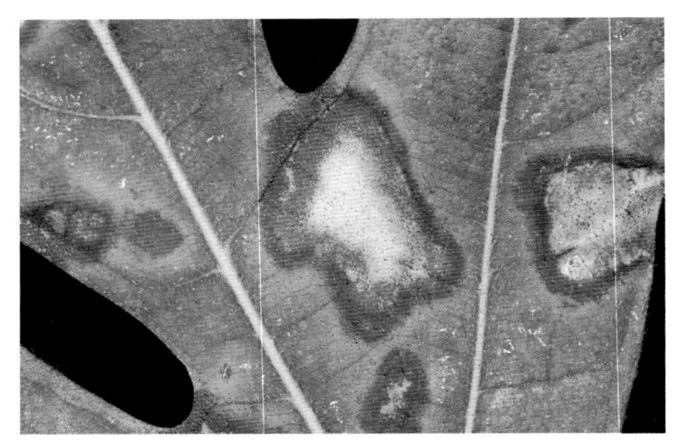

图4-29　面包果炭疽病症状

2. 病原

该病的病原为炭疽菌属（*Colletotrichum*）真菌。在培养基上，菌落灰绿色，气生菌丝白色绒毛状，后期产生粉红色分生孢子堆。

3. 发病规律

炭疽病病菌喜高温高湿环境，生长适温为21 ~ 28℃，最低为9℃，最高37℃。该病全年均可发生，病菌以菌丝体在病枝、病叶及病果上越冬。翌年越冬的病菌作为初次侵染来源，可借风雨、露水或昆虫释放和传播，从伤口和自然孔口侵入，各个时期均可受害，常引起叶片坏死脱落，开花前后病菌可潜伏侵染幼果，从而存活于果实内，于果熟期扩展引起果腐。受水、旱、寒害，树势衰弱，偏施氮肥，植株缺少管理、虫害严重的园区易染病。

4. 防控措施

①农业防治。加强栽培管理，合理增施有机肥和钾肥，防止偏施氮肥，按比例施氮、磷、钾肥；避免过度荫蔽，雨后及时排除积水，保持通风；干旱季节注意及时灌溉，及时为树体保暖，避免寒害发生，增强树势，提高抗病能力。此外，及时清除病源，保持田间卫生；发生病害时及时清除病枝、病叶和病果，集中深埋或烧毁，以减少病源。

②化学防治。在嫩芽、嫩梢、幼果期和果实膨大期及时喷药防控。可选用如下药剂：40%腈菌唑水分散粒剂4 000倍液、40%福美双·福美锌可湿性粉剂500 ～ 800倍液、50%多·锰锌可湿性粉剂500倍液、0.5%波尔多液，每隔15 ～ 20 d喷施1次。

（二）面包果果腐病

1.症状

主要危害果实，幼果、成熟果均可受害，受虫伤、机械伤的果实易受害。果实发病初期产生圆形或椭圆形黑褐色水渍状病斑，随后病斑迅速扩大，发病处略显凹陷，果实病部变软，果肉组织溃烂（图4-30）。此病发生普遍，为面包果果实上的常见病害。

图4-30　面包果果腐病症状

2.病原

该病的病原为匍枝根霉（*Rhizopus nigricans*）。

3.发病规律

病菌越冬时，在病斑表面形成散生的褐色小颗粒，即拟菌核。以拟菌核和厚垣孢子的形式在老病株上或病残体中越冬。病菌菌丝在15 ～ 35℃均能生长，25 ～ 35℃是病菌的生长适温。随着春季气温回升，雨量增多，厚垣孢子萌发成菌丝侵染危害；空气潮湿、气温适宜时，病部表面产生霉状的分生孢子，并随雨水和空气传播再次侵染危害；分生孢子萌发时从隔膜或者两端伸出芽点，然后逐渐伸长和分叉形成菌丝侵入寄主表皮。在我国海南兴隆地区，4 ～ 9月雨水丰富，病菌可多次侵染危害，5 ～ 8月为发病高峰期。

4.防控措施

①农业防治。种植时要适当控制植株密度，加强田间卫生管理，及时修剪老弱病残枝，清除感病的花、果及地面枯枝落叶，并集中于园外烧毁或深埋；合理修剪，改善果园的光照和通风条件，防止果实产生人为或机械伤口，避免果园积水，注意排水防涝，减少病菌滋生条件。

②化学防治。在开花期、幼果期喷药护花护果，选用10%多抗霉素可湿性粉剂、80%戊唑醇水分散粒剂500 ～ 800倍液或90%多菌灵水分散粒剂800 ～ 1 000倍液。每隔5 ～ 7 d喷施1次，视病情发展情况，一般连续喷施2 ～ 3次。

二、主要虫害及防控

（一）桑粒肩天牛

1. 分类地位

桑粒肩天牛（*Apriona germari*）属鞘翅目天牛科。

2. 形态特征

成虫　体长26 ～ 51 mm。全体黑褐色，密被绒毛，一般背面绒毛青棕色，腹面绒毛棕黄色，有时背腹两面颜色一致，均为青棕黄色，颜色深浅不一。头部中央具纵沟；沿复眼后缘有2行或3行隆起的刻点；雌虫的触角较身体略长，雄虫的则超出体长2 ～ 3节，柄节端疤开放式，从第3节起，每节基部约1/3灰白色；前唇基棕红色。前胸背板前后横沟之间有不规则的横皱或横脊线；中央后方两侧、侧刺突基部及前胸侧片均有黑色光亮的隆起刻点。鞘翅基部饰黑色光亮的瘤状颗粒，占全翅1/4 ～ 1/3强的区域；翅端内外角均呈刺状突出。

幼虫　体圆形，略扁，老熟时体长约70 mm，乳白色。头部黄褐色。

3. 危害特征及发生规律

桑粒肩天牛2 ～ 3年完成1代，以幼虫在面包果树干内越冬。幼虫经过2个冬天，在第3年6 ～ 7月，老熟幼虫在隧道最下面1 ～ 3个排粪孔上方外侧咬一个羽化孔，使树皮略肿起或破裂，在羽化孔下70 ～ 120 mm处作蛹室，以蛀屑填塞蛀道两端，然后在其中化蛹。成虫羽化后在蛹室内静伏5 ～ 7 d，然后从羽化孔钻出，啃食枝干皮层、叶片和嫩芽。生活10 ～ 15 d开始产卵。产卵前先选择直径10 mm左右的小枝条，在基部或中部用口器将树皮咬成U形伤口，然后将卵产在伤口中间，每处产卵1 ～ 5粒，一生可产卵100余粒。

图4-31　桑粒肩天牛危害面包果症状

成虫寿命约40 d。卵经2 d孵化。幼虫孵出后先向枝条上方蛀食约10 cm长，然后调转头向下蛀食，并逐渐深入心材，每蛀食5 ～ 6 cm长时便向外蛀一排粪孔，由此孔排出粪便（图4-31）。排粪孔均在同一方位顺序向下排列，遇有分枝或木质较硬处可转向另一边蛀食和蛀排粪孔。随着虫体长大，排粪孔的距离也越来越远。

幼虫蛀道总长2 m左右，有时可下蛀直达根部。一般情况修蛀道较直，但可转向危害。幼虫多位于最下一个排粪孔的下方。越冬幼虫如遇蛀道底部有积水则多向上移，虫体上方常塞有木屑，蛀道内无虫粪。排粪孔外常有虫粪积聚，树干内树液从排粪孔排出，经年长流不止，严重时常见红褐色液体流出。树干内如有多头幼虫钻蛀，常可导致干枯死亡。

4.防控方法

①农业防治。加强栽培管理，增强树势，提高树体抗虫能力。加强检疫，移苗时选择壮苗，防止移栽带有卵、幼虫、蛹或成虫的苗木。在果园或周围放置诱木（如桑树或柞树），吸引桑天牛啃食和产卵，同时高峰期可对诱木喷洒农药以杀灭害虫，保护果树。

②物理防治。每年5月之前用生石灰与水为1 ∶ 5的比例配制石灰水，对树干基部向上1 m以内树体进行涂白。每年5 ～ 7月成虫产卵高峰期可经常巡视树干，及时捕杀成虫；发现树干上有小量虫粪排出时，应及时清除受害小枝干，或用铁丝在新排粪孔进行钩杀；在海南民间，常有群众用当地产的白藤刺倒着伸进去蛀道中去，钩杀效果也很明显。

③化学防治。低龄幼虫在韧皮下危害而尚未进入木质部时，可用90%敌百虫晶体100 ～ 200倍液喷涂树干，或用速扑杀1 000 ～ 1 200倍液喷施树干；在主干发现新排粪孔时，可用注射器注入5%高效氯氰菊酯乳油或10%吡虫啉可湿性粉剂100 ～ 300倍液，或用蘸有药液的小棉球塞入新排粪孔内，并用黏土封闭其他排粪孔。

④生物防治。在成虫发生期，成虫喜欢在树干上爬行，在树干上绑缚白僵菌粉，使成虫感染致死。

（二）黄翅绢野螟

1.分类地位

黄翅绢野螟（*Diaphania caesalis*）属鳞翅目螟蛾科。

2.形态特征

成虫　体长约1.5 cm，虹吸式口器，复眼突出红褐色，触角丝状，胸部有两条黑色横纹，前翅三角形，有两个瓜子形黄斑，斑的周围有黑色的曲线纹，黄斑顶部有1个槽形黄色斑纹，在翅的近肩角处有两条黑色条纹，近顶角处有1个塔状的黄斑；后翅有两块楔形黄斑，顶角区为黑色。足细长，前足的腿节和转节为黑色，中、后足长均为1.2 cm左右，中足胫节有两条刺，后足也有两条刺，腹部节间有黑色鳞片，第一、二、三节均有1个浅黄色的斑点，腹部末端尖削且有黑色的鳞片。雌成虫虫体较雄成虫大，前翅靠近肩角的瓜子形黄斑中略近前缘处有一明显的“1”字形黑色斑点。腹部相对雄蛾肥大，末端钝圆，外生殖器交配孔被有整齐较短的黄棕色毛簇，背面毛簇明显长于腹面。

雄成虫体较雌成虫小，前翅靠近肩角的瓜子形黄斑中略近前缘处无“1”字形斑点，或有微弱点状印迹。腹部较瘦小，末端狭长，外生殖器交配孔的周围被有整齐较长的黑色毛簇，静止时其阳具藏于腹部，受到雌蛾释放的性信息素刺激或腹部受到挤压时，腹部末端的抱器瓣会叉开，阳具外突。

幼虫　共分为5个龄期。1龄幼虫仅有约1 mm，头部为黑色，其余部位淡黄色。老熟幼虫体长可达1.8 cm，柔软；头部坚硬，呈黄褐色，唇基三角形，额很狭，呈“人”字形；胸和腹的背面有两排大黑点，黑点上长毛，前胸盾为黄褐色，胸足基节有附毛片，腹足趾钩二序排列成缺环状，臀板黑褐色。

3.危害特征及发生规律

黄翅绢野螟在海南全年都有发生，4 ~ 10月为幼虫盛发期。雌成虫产卵于叶背面、嫩梢及花芽上（图4-32）。初孵幼虫取食叶片下表皮及叶肉，仅留上表皮，使叶片呈灰白透明斑。虫龄增大到3龄后食量也随之增大，转而取食嫩梢、花芽及正在发育的果实中，致使嫩梢萎蔫下落、幼果干枯、果实腐烂。危害新梢时，取食嫩叶和生长点，排出粪便，并吐丝把受害叶和生长点包住，影响植株生长；幼虫危害果实时，可沿表皮一直钻蛀到种子，利用排出的粪便堵住孔道来保护自己免受天敌捕食，但其排出的粪便可使果蝇的幼虫进入取食果肉，使果实受害部分变褐腐烂，严重时导致果实脱落，造成减产；危害嫩果柄时则从果蒂进入，然后逐渐往上，粪便排在孔内外，引起果柄局部枯死，影响果品质量。

图4-32　黄翅绢野螟危害面包果嫩梢

4.防控措施

①农业防治。挂果前期，及时修剪有危害的嫩梢及花芽，集中清除销毁，可大大减轻下一年的虫口数量。幼虫蛀果取食初期，拨开虫粪便，用木棍沿着孔道将其杀死。果实采收后，将枯枝落叶收集烧毁，可降低下代虫口基数。

②物理防治。面包果果实授粉后采用尼龙网进行果实套袋，可达到防治效果（图4-33）。

图4-33 面包果果实套袋

③化学防治。用药关键期为第一代幼虫期，选用触杀和胃毒剂，每10 d进行全园喷药，如50%杀螟硫磷乳油1 000 ~ 1 500倍液、40%毒死蜱乳油1 500倍液、2.5%溴氰菊酯乳油3 000倍液等。发生初期用甲维·联苯菊酯1 000 ~ 1 500倍液防治，严重时用40%毒死蜱乳油1 000 ~ 2 000倍液，每隔7 ~ 10 d喷1次，连喷2 ~ 3次。

④生物防治。选用16 000 IU/mg苏云金杆菌可湿性粉剂800倍液，或用1%印楝素乳油750倍液、2.5%鱼藤酮乳油750倍液、3%苦参碱水剂800倍液喷雾。

（三）橘小实蝇

1.分类地位

橘小实蝇（*Bactrocera dorsalis*）属双翅目实蝇科。

2.形态特征

橘小实蝇的成虫、卵、幼虫、蛹的形态特征详见第二章。

3.危害特征及发生规律

橘小实蝇在海南全年都有发生，无明显越冬现象，田间世代重叠。成虫羽化后需要经历较长时间补充营养才能交配产卵。卵产于将近成熟的果皮内，每处5 ～ 10粒不等。受害面包果表面会呈现黑色的色斑，但由于果实尚未成熟，果肉还是硬的，肉眼很难判断是否已经遭受橘小实蝇危害。幼虫孵出后即在面包果果内取食危害(图4-34)，被害果常变黄早落；即使不落，其果肉也必腐烂，不堪食用，对果实产量和品质损害极大。

图4-34　橘小实蝇危害面包果果实

4.防控措施

①农业防治。随时捡拾虫害落果，摘除树上的虫害果一并销毁，严防虫害随果实或园土传播。

②物理防治。在果园植株间悬挂黄色或蓝色粘虫板，待粘虫板粘满后及时进行更换。配合果实套袋效果更佳。

③化学防治。一是用红糖毒饵。在90%敌百虫1 000倍液中加入3%红糖制得毒饵喷洒树冠浓密荫蔽处，隔5 d喷1次，连续喷3 ～ 4次。二是用甲基丁香酚引诱剂。将浸泡过甲基丁香酚加3%马拉硫磷溶液的蔗渣纤维板小方块悬挂在树上，在成虫发生期每月悬挂2次，可将小实蝇雄虫基本消灭。三是用水解蛋白毒饵。取酵母蛋白1 000 g，25%马拉硫磷可湿性粉3 000 g，兑水700 kg，于成虫发生期喷雾树冠。四是地面施药。于实蝇幼虫入土化蛹或成虫羽化的始盛期用50%马拉硫磷乳油1 000倍液或50%二嗪农乳油1 000倍液喷洒果园地面，每隔7 d左右喷1次，连续喷2 ～ 3次。

本章参考文献

车秀芬，张京红，黄海静，等，2014. 海南岛气候区划研究[J]. 热带农业科学(6): 60-66.

陈清智，2005. 风味似面包的水果：面包果. 厦门科技(4): 62.

符红梅，谭乐和，2008. 面包果的应用价值及开发利用前景[J]. 中国南方果树，37(4): 43-44.

何川，2003. 红薯的营养价值及开发利用[J]. 西部粮油科技，28(5): 44-46.

华敏，苗平生，2014. 杨桃优质高产栽培技术[M]. 海口：三环出版社.

霍书新，2015. 果树繁育与养护管理大全[M]. 北京：化学工业出版社.

梁元冈，陈振光，刘荣光，等，1998. 中国热带南亚热带果树[M]. 北京：中国农业出版社.

苏兰茜，白亭玉，鱼欢，等，2019. 盐胁迫对2种菠萝蜜属植物幼苗生长及光合荧光特性的影响[J]. 中国农业科学(12): 2140-2150.

谭乐和，吴刚，桑利伟，等，2017. 菠萝蜜 面包果 尖蜜拉栽培与加工[M]. 北京：中国农业出版社.

王云惠，2006. 热带南亚热带果树栽培技术[M]. 海口：海南出版社.

吴刚，白亭玉，苏兰茜，等，2020. 面包果芽接繁殖技术[J]. 林业科技通讯(11): 74-76.

吴刚，胡丽松，朱科学，等，2017. 面包果在海南兴隆的引种调查初报[J]. 中国南方果树，46(4): 99-101.

吴刚，朱科学，王颖倩，等，2018. 面包果主要营养组分研究初报[J]. 中国热带农业，81(2): 39-44.

ADARAMOYE O A, AKANNI O O, 2016. Protective effects of *Artocarpus altilis* (Moraceae) on cadmium-induced changes in sperm characteristics and testicular oxidative damage in rats[J]. Andrologia, 48(2): 152-163.

AKANBI T O, NAZAMID S, ADEBOWALE A A, 2009. Functional and pasting properties of a tropical breadfruit (*Artocarpus altilis*) starch from Ile-Ife, Osun State, Nigeria[J]. International Food Research Journal, 16: 151-157.

AMP J, RAGONE D, AIONA K, et al, 2011. Nutritional and morphological diversity of breadfruit (*Artocarpus*, Moraceae): Identification of elite cultivars for food security[J]. Journal of Food Composition & Analysis, 24(8): 1091-1102.

BATES R P, GRAHAM H D, MATTHEWS R F, et al, 1991. Breadfruit chips: Preparation, stability and acceptability. Journal of Food Science, 56: 1608-1610.

BEYER R, 2007. Breadfruit as a candidate for processing[J]. Acta Horticulturae, 757: 209-214.

DALESSANDRI K M, BOOR K, 1994. World nutrition-The great breadfruit source[J]. Ecology of Food and Nutrition, 33: 131-134.

JONES A M P, RAGONE D, TAVANA N G, et al, 2011. Beyond the bounty: breadfruit (*Artocarpus altilis*) for food security and novel foods in the 21 st century[J]. Ethnobotany Research & Applications, 9: 129-149.

KULP K, OLEWINK M, MANHATTAN K, et al, 1994. Starch functionality in cookie system[J]. Starch and Starke, 42 (4): 53-57.

LIU Y, RAGONE D, MURCH S J, 2015. Breadfruit (*Artocarpus altilis*): a source of high-quality protein for food security and novel food products[J]. Amino Acids, 47(4): 847-856.

MAXWELL A, JONES P, MURCH S J, et al, 2013. Morphological diversity in breadfruit (*Artocarpus,* Moraceae): Insights into domestication, conservation, and cultivar identification[J]. Genetic Resources and Crop Evolution, 60: 175-192.

MURCH S J, RAGONE D, SHI W L, et al, 2008. In vitro conservation and sustained production of breadfruit (*Artocarpus altilis*, Moraceae): modern technologies for a traditional tropical crop[J]. Naturwissenschaften, 95: 99-107.

NOCHERA C, CALDWELL M, 2010. Nutritional evaluation of breadfruit-containing composite flour products[J]. Journal of Food Science, 57(6): 1420-1422.

NWOKOCHA C R, OWU D U, MCLAREN M, et al, 2012. Possible mechanisms of action of the aqueous extract of *Artocarpus altilis* (breadfruit) leaves in producing hypotension in normotensive Sprague-Dawley rats[J]. Pharmaceutical Biology, 50(9): 1096-1102.

RAGONE D, CAVALETTO C G, 2006. Sensory evaluation of fruit quality and nutritional composition of 20 breadfruit (*Artocarpus*, Moraceae) cultivars[J]. Economic Botany, 60(4): 335-346.

ROBERTS-NKRUMAH L B, 2007. An overview of breadfruit (*Artocarpus altilis*) in the Caribbean[J]. Acta Horticulturae, 757: 51-60.